老师没教的数学

李有华　著

姚　华　插画绘制

电子工业出版社.
Publishing House of Electronics Industry
北京·BEIJING

图书在版编目（CIP）数据

老师没教的数学 / 李有华著. —北京：电子工业出版社，2020.1

ISBN 978-7-121-36718-2

Ⅰ.①老…　Ⅱ.①李…　Ⅲ.①数学-普及读物　Ⅳ.①O1-49

中国版本图书馆CIP数据核字（2019）第106672号

责任编辑：郑志宁

印　　刷：天津千鹤文化传播有限公司

装　　订：天津千鹤文化传播有限公司

出版发行：电子工业出版社

　　　　　北京市海淀区万寿路173信箱　　邮编：100036

开　　本：787×1092　1/16　印张：18.25　字数：213千字

版　　次：2020年1月第1版

印　　次：2021年1月第5次印刷

定　　价：78.00元

凡所购买电子工业出版社图书有缺损问题，请向购买书店调换。若书店售缺，请与本社发行部联系，联系及邮购电话：(010) 88254888，88258888。

质量投诉请发邮件至zlts@phei.com.cn，盗版侵权举报请发邮件至dbqq@phei.com.cn。

本书咨询联系方式：(010) 88254210，influence@phei.com.cn，微信号：yingxianglibook。

边玩边学

学习老师没教的好玩的数学

大家好，我是"大老李"。我在"喜马拉雅 FM"发布第一条声音时，万万没想到居然还能以书面形式跟大家"玩"数学。原本想继续用"聊"数学这个标题，但是编辑劝我用了"玩"这个字。起初我还有点犹豫，怕自己写的东西不好玩。但后来我想到英语里"玩"就是"play"，"play"这个词又可以用在诸如足球、乐器这些文体活动上，而对我来说，数学就像是一种文体爱好，所以用"玩"是再恰当不过了。

很多人心目中的数学与"玩"联系不起来，他们想到数学多是先想到一些枯燥的公式和习题。我从小数学成绩就比较好，经常有人问我是怎么学数学的，学得不累吗？我那时就有点不知如何作答，因为确实是不累啊。

首先，数学是不用"背"的学科。小时候，我尤其讨厌那些需要大量时间背诵的科目，而数学从来没有让我感觉有"背"的需要，除了"九九乘法表"和初中学习三角函数时期的"积化和差 / 和差化积"公式是需要下点功夫"背"的。但前者在小学低年级就可以背熟了，因为那时是把"九九乘法表"当成儿歌背诵的，完全不觉得痛苦。后者确实需要花点时间背诵，但是这些公式之间是有相似性的，因此是有记忆技巧的。我的一个诀窍是，在考试开始时就把这些公式全部默写在草稿

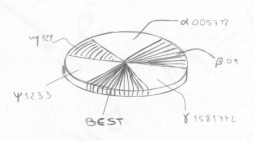

纸上，这样在后续的考试时间里我就不用担心了，因为我等于是把"参考书"默写出来了。而随着学习的深入，当这些公式不再是考试内容时，我又不用"背"了。

总之，数学从来没有让我感觉有记忆上的痛苦。上数学课的时候，我似乎不是在学，而是等老师"帮"我把一些"顺理成章"的道理从大脑里"挖掘"出来。我心里经常出现的声音是："啊，就应该这样"，"对，如果是我也会这样做"。如果你也有这种感觉，那你学数学是绝对不会感到累的。

其次，数学不但没有背诵压力，学起来轻松，而且确实是一门可以"玩"起来的学科。比如，在学习圆面积公式的证明时，我确确实实是找来一张纸，照着课本上的形状完整地剪了一遍。

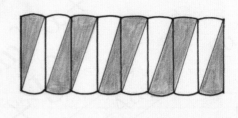

小学课本上的圆面积公式"证明"过程，你还记得吗？

在数学考试时，我尤其喜欢做"应用题"，因为对于我来说应用题就像是一道道谜题，解出来会特别有成就感。所以我在本书中，也很喜欢用应用题来说明问题，比如"三人分蛋糕"问题。

可惜的是，随着数学考试难度的提高，出题人在试卷中提出合适的应用题就越来越难。所以在中学之后的数学考试里，应用题也越来越少，倒是需要去物理试卷里找数学应用题了。

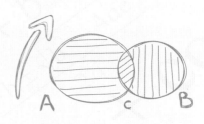

不过物理试卷中的应用题，从计算手榴弹飞出的距离到计算卫星的公转周期，这些不也是证明了数学很好玩吗？

最后，学数学不但好玩，而且零成本！要知道现在很多兴趣爱好都很浪费钱财，俗语云："玩××穷三代"，但是"玩数学零负担"！对数学爱好者来说，一支笔一张纸就足够了。如果你会一点编程的技能，则更是锦上添花。这么省钱又易操作的爱好，何乐而不为？

读到这里，你可能会说：数学，我"玩"不出乐趣啊！那这就是你需要看这本书的理由了，数学里面有很多好玩的内容是老师不教的，但这不能怪老师，因为他们毕竟要以应付各类考试为主，而这本书所要讲的更多是一种数学思维。

市面上的数学科普书，除去仅供中小学生看的那种"教辅"和"竞赛"方向的，大概分两种：一种是偏向"历史"的，比如论述某个问题的来龙去脉或某个定理前赴后继的证明过程；另一种是偏向"技术"的，就是针对某一具体数学分支（比如概率、几何、函数等）中的问题的深度剖析。

前者读起来是很有趣味的，可惜对具体的技术问题着墨不多，即使看过也很难对问题本身有深入的理解。当然，这主要是因为那些问题确实是数学里非常高深的问题，比如费马大定理、黎曼假设等。这些问题很难用浅显的语言让一般爱好者感受到问题本身的乐趣。而"技术"方向的科普书，往往又太过偏重"应试"，趣味性不足，让人难以坚持下去。

我写这本《老师没教的数学》，则是希望在以上两种数学科普书中，找到一个折中点。一方面，尽量保持趣味性，多出一些大家喜闻乐见的"应用题"；另一方面，对于有深度和难度的问题，多方发掘它们所有的背景资料，找出有意思的方面介绍出来，使得有兴趣的读者可以有深入阅读的愿望，并方便他们找到可自行研究的入口。

在每一节的最后，我也出一些所谓的"思考题"。这些题与每一节的主题是有所关联的，而且部分题目的答案是开放性的，我也不知道具体答案，是可供读者继续思考和"玩"的题。欢迎你关注我的微信公众号（dalaoli_shuxue），或者发送电子邮件（dalaoliliaoshuxue@gmail.com）跟我聊聊你对这些题的感想，也希望你喜欢这些题。总之，如果你能在这些题中找到"玩"的感觉，那么我的目的就达到了。

这本书中的很多话题也许是你在其他书籍或网络文章中看到过的，但我可以确

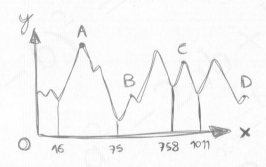

保你从本书中了解到的是有关此问题的（成书时）最新研究成果，绝不是老生常谈或浅尝辄止。另外，我也尽量配一些有意思的图片来帮助你理解问题。

有种说法是："数学书中每增加一个公式，图书销量就会减少一半"，本书仍不可避免地会有些公式。但书中的绝大多数公式是中学生能看懂的，而且针对每个公式我也尽量配合具体文字进行说明，让你看得不累，最终使你能欣赏公式之美，喜欢公式，甚至能够"玩"公式。

最后，我要感谢电子工业出版社，使得本书得以出版。感谢互联网上无偿分享、为我提供众多写作素材的网站和博主，特别是：维基百科，Numberphile@YouTube，mathworld.wolfram.com，quantamagazine.org 和 John D.Cook。

还要感谢我的太太为我绘制了书中的所有插图。因本书属于科普性质，具体数学问题的描述难免有不精当之处，万望读者指正并谅解。

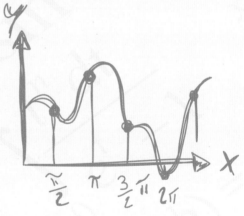

希望你在数学大海中"玩"得开心！

目　录

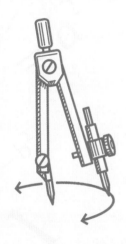

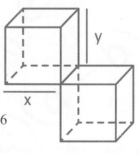

✒ | 寻找数字中的宝石——梅森素数 |

我们在小学课本里就学到了"质数"这个概念，虽然在课本中一笔带过，但质数是数学中非常吸引人却又充满风险和意外的一个话题。在我看来，质数是数学最基本的一个要素，甚至是全宇宙最基础的元素与沟通基础。我曾经设想，如果有一天外星人造访地球并与地球人对话，那么一开始人类应该怎么跟外星人沟通呢？

如果是我，我会拿一堆石子，摆成 2 个，3 个，5 个，7 个，11 个，13 个…如果外星人的数学水平够高，不是特别笨的话，他们肯定能会心地数出 17 个石子将其组成接下来的一堆。当然外星人能发展出访问地球的科技水平，了解质数肯定是其必备的基础知识。我认为与外星人聊数学一定是最有用的沟通方式，而与外星人聊文史哲或者物理化学，开始时恐怕都是对牛弹琴，鸡同鸭讲。

既然说到质数，我们聊一个可能很多人已经十分熟悉的质数相关话题：梅森素数。也许有人会问，不是说质数吗，怎么又出来素数了，质数其实又称为素数，为了配合讲清楚梅森素数，我们把文章中的质数统称为素数。梅森素数就是那种 2^p-1 形式的素数，我相信读者已经在很多数学科普书中看到过梅森素数了。我们从小到大看过的数学科普书里，只要是讲到素数，都会提到梅森素数，而且经常是第一章。还有比较有意思的一点是，在不同时期出版的书中，都会提一下当前

如果外星人来访，跟外星人一起摆石子"聊"质数是沟通的好办法。

已经发现的最大的梅森素数，我也不能免俗，在此给大家刷新一下梅森素数的"存盘"进度。

这几年基本上每一到三年就会有一个新的梅森素数被发现。目前的最新纪录是 2018 年 12 月被发现的第 51 个梅森素数：$2^{82589933}-1$，它的位数已经达到 2400 多万。

梅森素数是根据 17 世纪的法国数学家马林·梅森的名字来命名的。但这并不是因为梅森素数是他发现的，也不是因为他发现了很多梅森素数。这种类型的素数在古希腊时期人们就已经注意到它们的存在了，但梅森是系统研究这种类型素数的第一人，而且他认为自己找出了指数小于 257 的所有梅森素数。不过梅森错判了两个，遗漏了三个，但这些错误是在很多年之后才被人们纠正的。

17 世纪法国数学家马林·梅森。

梅森认为：当 $p=2$，3，5，7，13，17，19，31，67，127，257 时，2^p-1 是素数。但是当 $p=67$ 和 257 时，2^p-1 并不是素数。他遗漏了当 $p=61$，89 和 107 时这些数是素数的情况。让我们看看他误判的两个数的分解：

$2^{67}-1=193707721×761838257287$

$2^{257}-1=535006138814359×11556853952466191826730 33×$

$3745550598501810936581776630096313181393$

看了以上分解，你大概也不会笑话他错判了。可惜梅森没有留下他如何鉴定梅森素数的方法，大概他自己也知道自己的方法不能做到百分之百准确。

而现代人寻找梅森素数的方法如你所猜测的一样，人们是用计算机来寻找这种形式的素数的。从 1997 年开始，所有新的梅森素数都是由一个分布式计算项目发现的，这个项目的名称缩写叫 GIMPS，意为"互联网梅森素数搜索计划"。每个人都可以参与这个计划，因为该网站会提供一个程序供人们下载，你只要下载并运行这个程序，就意味着参与了这个计划，从而为寻找更大的梅森素数贡献自己的力量。第 50 个梅森素数就是由一名美国联邦快递雇员，使用一台教堂闲置的老旧计算机，持续运行这个项目软件十年后发现的。

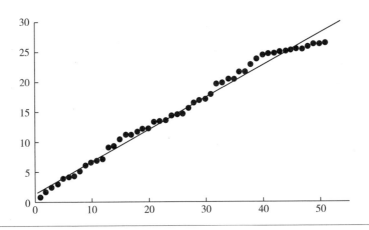

梅森素数分布的预测与实际对比图。x 轴为梅森素数的序号，y 轴为 $\log_2(\log_2 M_n)$，M_n 是第 n 个梅森素数。最近几个梅森素数有点"密"，所以蓝点有些"平"了。

梅森素数为什么这么难找？你大概已经听说过检验一个素数是一个"多项式时间"的问题，即所谓 P 问题。

有关素数定理

而检验梅森素数则比检验一般素数更为简单，有一个"卢卡斯-莱默"检验法。这种方法先由法国数学家爱德华·卢卡斯于 1878 年发现，再由美国数学家德瑞克·莱默于 20 世纪 30 年代改进完成。其方法相当简单：

首先定义序列 S_i，序列第一项的下标为 0，且：

$$S_0=4$$

之后每一项：

$$S_i=S_{i-1}^2-2$$

该序列的开始几项就是 4，14，194，37634…

而如果 2^p-1 是素数，当且仅当 S_{p-2} 整除 2^p-1（p 为奇素数），即：

$$S_{p-2} \equiv 0 \, (\mathrm{mod} \, M_p)$$

这个方法看上去很简单，而且仅需要 $O(p)$ 的时间复杂度，但要考察的梅森素数都已经上千万，计算量仍然非常大，因此平均需要等上一年到三年。而每一个新的梅森素数与前一个的间隔也越来越大，因此寻找下一个梅森素数所花的时间也会更长。

顺便提一句，如果说鉴定一个数是否是素数是很难的问题，那么对一个大的合数找出其素因子，要比素性检验难成千上万倍。数学家根据以上"卢卡斯-莱默"检测法，虽然发现了很多 2^n-1 形式的合数，但并不说明人们知道它们的质因子是几。

我们为什么要孜孜不倦地去寻找梅森素数呢？那是因为梅森素数有一些非常有意思的特点，而这些特点使人感到它似乎隐含着某种艰深的奥秘。

首先我们可以问，为什么只找 2^p-1 这种形式的素数，而不找 3^p-1 或者 4^p-1 之类形式的素数呢？因为有一个定理：

如果 a^b-1 是一个素数，那么这个 a 必须是 2。即 3^p-1，4^p-1，5^p-1

等都不可能是素数。这个定理的证明是十分简单的，你可以自行尝试一下，应该能很快发现其证明方法。然后还有一个定理：

如果 2^p-1 是素数，那么这个 p 必须是素数。简短的证明思路是这样的：考虑任何一个 $2^{ab}-1$ 形式的数，其中 a 和 b 都是不为 1 的正整数。可以验证，它肯定有一个因子 2^a-1 和另一个因子 2^b-1，这样它不可能是素数。所以，如果 2^p-1 是一个素数，那么这个 p 也必须是一个素数。

你可能会想，太好了，要寻找梅森素数，范围已经非常小了，只要找 2 的素数次幂减 1 这样的数，其他类型的整数都不用考察了。但就像很多有关素数的命题一样，它们像是大自然跟人类开的一个玩笑。虽然我们知道 2 的素数次幂减 1 可能是素数，但如果真正去验证的话，你会发现它们大多数都不是素数，只是偶尔会有。

这很像去寻找宝石矿，你有些线索，你知道某个地方可能会有宝石，而且你也排除了其他绝大部分不可能有宝石矿的位置，于是你不停地往下挖，挖了半天还是什么东西都没有。所以有数学家把梅森素数比喻成"数字中的宝石"，对数学家来说，找到一个新的梅森素数，真的像挖到一块宝石一样可遇而不可求。

我们说梅森素数像宝石，不仅是因为稀有，还因为梅森素数有一个非常引人注目的特点，就是它与"完美数"是有直接的联系的。"完美数"的定义是：

如果针对一个自然数，将它所有的真因子相加，包括 1，加起来正好是其本身的话，那它就是完美数。比如说 6 的真因了有 1，2，3，而 1+2+3=6，所以 6 是完美数。完美数本身是一个很大的话题，但完美数与梅森素数有一个美妙的联系，即一个偶数，如果它是完美数，当且仅当

寻找梅森素数的过程就像挖金矿一样。

它有这种形式：

$$2^{p-1}(2^p-1)$$

且其中的 2^p-1 是一个梅森素数，这被称为"欧几里得-欧拉定理"。也就是说偶完美数与梅森素数是一一对应的，这是一个非常神奇的结果，每当人们找出一个新的梅森素数，就等于找出了一个新的完美数，所以你也明白了数学家们为什么会这么开心。顺带说一句，现在还没有人发现奇数的完美数。很多数学家认为可能没有奇完美数，因为已经验证过，

在 10^{1500} 以内，人们没有找到奇完美数。但像数论中的很多命题一样，如果没有被证明的话，谁都不敢打包票。

另外，梅森素数不但宝贵，而且很有用。有一种 1997 年由日本的松本真和西村拓土发明的随机数生成算法就叫"梅森旋转算法"，该算法因利用了一对梅森素数而得名。

接下来看看与梅森素数相关的一些猜想。第一个：有没有无穷多个梅森素数？这个"简单"的命题到现在我们都无法证明。虽然看上去没有什么理由阻止宇宙间有无穷多个梅森素数，绝大多数数学家也都认为这个命题是真的，但就是证明不了。

第二个：有没有无穷多个梅森数是合数？你可能会说：这不是废话吗？我们不是已经验证过这么多，而且大部分 2^p-1 的数都是合数吗？但是数学中出现过那种前期虽然有很多例证，但是最后出现反例，从而推翻猜想的情况。尽管大部分数学家确实认为有无穷多个梅森数是合数，但这个问题到现在的的确确还只是一个猜想！它与上面的猜想两者至少有一个为真命题，当然，也可能都是真命题。

欧拉曾证明：

如果 $k>1$ 且 $p=4k+3$ 是素数，则 $2p+1$ 是素数，当且仅当：$2^p=1\pmod{2p+1}$

这意味着：如果有无穷多个 $p=4k+3$ 和 $2p+1$ 都是素数的话，就有无穷多个梅森素数是合数。

第三个：是不是每一个梅森数，它的因子当中都不含有完全平方数呢？该命题的意思是：

如果 2^p-1 是素数的话，它的因子当中当然不会含有完全平方数。如果 2^p-1 是合数，那么我们能对它进行质因数分解。在分解的结果中，是不是每个素因子只出现一次，即它不可能被任何完全平方数（1 除外）整除。目前此猜想对所有是合数的梅森数都适用，以下是另两个梅森数的因子分解例子，其中每个因子都只出现一次：

$$2^{11}-1=23\times89$$

$$2^{71}-1=228479\times48544121\times212885833$$

此猜想问的是这是否对所有梅森数都成立，目前仍未可知。而这个猜想跟另一个相当有趣的素数——"韦弗利素数"是相关的。"韦弗利素数"是这种数：

如果一个素数 p，满足 p^2 整除 $2^{p-1}-1$，则称其为"韦弗利素数"。

数学家在 4.96×10^{17} 内仅发现了两个韦弗利素数：1093 和 3511，所以它比梅森素数更稀有！但是这两个素数的平方不是目前已知任何梅森数的因子，也不知道是否有无穷多个韦弗利素数，它简直比梅森素数更神秘。

第四个猜想更有意思。有人构造了这样一个数列，取数列第一项为：

$a_1=2$ ；

第二项取前一项的值作为指数，计算：

$a_2=2^{a_1}-1=2^2-1=3$ ；3 是一个素数。

第三项取第二项的值作为指数，有：

$a_3=2^{a_2}-1=2^3-1=7$ ；7 是一个素数。

如此推算，可得 $a_4=127$，a_5 也是素数。我们很自然地会猜想是不是所有如此推得的 a_n 都是素数呢？

看上去挺有道理的，但是基本所有数学家都认为这个猜想是错的，

而且很可能 a_6 就不是素数，唯一的障碍就是 a_6 太大了！

a_6 会有多大呢？$a_5=2^{127}-1$ 就有三十多位数了，而我们验证过的最大梅森素数的指数才只有 9 位。所以要验证 a_6 这个梅森数是否为素数，用现有方法是不可能做到的。

那么数学家为何能如此斩钉截铁地说它是假命题呢？历史经验告诉我们，对数论方面的命题，再多的数字例证都不足为据。更何况在与素数相关的命题中，无数的"反例"都是出现在天文数字之后，而这个命题只有 5 个例证，简直微不足道。

素数的各种表现告诉我们，想要找出一个素数的简单生成公式是不可能的。上千年以来，已有无数的人想构造一个简单的公式去产生素数序列，但或早或晚都失败了。寻找能够"有效"产生素数序列的公式，仍然是数学中非常困难的课题。

甚至有个数学家理查德·盖伊，他提出了一个颇具幽默感的"小数规律"，是相对于概率论的"大数规律"提出的。其意思是说：对一个数学猜想来说，提供再多的具体实证例子，于这个猜想本身是否成立，产生的影响都非常小。不管你提供了几万个甚至几亿个实例，其影响都可以忽略不计。不久前有人使用电脑程序去验证过 a_6，结果在 10^{51} 内没有找到它的因子，导致他没有信心继续找下去了。但这丝毫不能动摇数学家认为 a_6 是个合数的想法。

最后，还有人提出一个更夸张的猜想：如果梅森素数 2^p-1 中的 p 本身是个梅森素数，是否产生数字的也都是梅森素数？即如果 2^p-1 是素数，是否 $2^{2^p-1}-1$ 也是素数？这种素数被称为"双重梅森素数"（Double Mersenne Primes）。

当 $p=2$，3，5，7 时，该命题都成立。但有意思的是这个命题在

$p>7$ 之后，都是反例了。所以现在的猜想是：在 $p=7$ 之后有没有更大的双重梅森素数？双重梅森素数是否有无穷多个？有数学家猜想"双重梅森素数"只有我们已发现的这 4 个，但仍然是因为数字增长太快的原因，我们至今无法确切解答这个问题。

以上有关梅森素数的相关话题差不多讲完了，不知道你是否感受到这些"数字中的宝石"的珍贵。我的最大感想是：谈及与素数相关的命题时要非常小心，不能简单找到几个例子就轻下结论。

思考题 大老李陪你一起"玩"

1. 马兰·梅森遗漏了当 $p=61$，89 和 107 时的梅森素数。请你用"卢卡斯-莱默"检测法检查一下它们是否确实为素数。

2. 已知 $2^{13}-1$ 是一个梅森素数，请你验证双重梅森数 $2^{2^{13}-1}-1$ 是合数。

✒ | 三人分蛋糕问题 |

小时候我们常有这样的经历，如果你有一块蛋糕要和另一个小伙伴分享时，大人们会说你们可以这样分：你们其中的一个先把这块蛋糕分成两块，然后让另一个先挑。

小时候的我就觉得这个方法十分巧妙，因为分蛋糕的那个人会想：如果我分的不一样大，那么对方先挑就会拿走那块大的，所以我只有尽量使两块差不多大，这样他拿哪块我都不会吃亏。这个方法的巧妙之处就在于自动达到了"公平"的效果。

你是否想过，如果三个人分蛋糕的话，有没有类似方法能够达到同样的效果呢？为此，我们首先要确定衡量一个方法好不好的标准。对这个分蛋糕问题，我们有一个基本标准叫作"公平"：每个人都感觉自己分到了至少平均数以上的那份蛋糕。如果只是要达到这个标准的话，那么有一个相当简单的方法：

第一个人先把蛋糕切出一块他认为的 1/3，然后传给第二个人。第二个人如果觉得这块蛋糕比他心目中的 1/3 要大一点，那么他就再切掉一点，以达到他心目中的 1/3；如果他觉得这块蛋糕已经比他心目中的 1/3 小了，那么他就直接给第三个人。第三个人做了同样的抉择之后，我们就把这块蛋糕给最后一个切过蛋糕的人。如果第二、第三个人都没有切过蛋糕，那么这块蛋糕就给第一个人。

之后的问题就是让两个人分剩下的那份蛋糕，这个方法前面已经说过了。这个分蛋糕的方法确实十分简单，其本质上就是要比较每个人心目中的"1/3"，找出谁心中的"1/3"是最小的。这个人就可以拿走最小的"1/3"，剩下的两个人肯定会觉得从剩下的 2/3 再取一半，总是比他们心中的"1/3"多的。这个方法也很容易推广到许多人的情况，只要重复这个切蛋糕—传蛋糕的过程就可以了。

但是我们的分蛋糕问题还没有解决。在前面三人分蛋糕的过程中，虽然我们达到了"公平"标准，却不能避免人们产生"嫉妒"心理，也就是英文当中的"Envy"这个词。此处"Envy"的意思是：如果某个人感觉自己拿到的蛋糕比别人的少（虽然大于等于他心中的 1/3），那么他就会产生"嫉妒"心理。

比如，当一个人先拿到自己心目中的 1/3 之后，他就只能眼巴巴看着剩下的两个人来分了。等剩下两个人分完，他观察自己手里的这块和另外某一个人拿到的那块，发现自己的那块比另一个人的小很多。他想：早知道你接下来能分到这么大一块，那我之前就不拿我这手里的这"1/3"了。这就是人性之中的黑暗面，但又是天性使然，难以避免的一面。

古人云："不患寡，而患不均也"，意思是：大家穷不要紧，但是我见不得别人比我富（我的歪解，不要用在语文考试中）。一个分蛋糕的好方法是既能做到"公平"，又能免于"嫉妒"，每个人都不会觉得比别人所得的少，之前的两人分蛋糕方法就能达到这两个标准。

"不患寡而患不均"出处

英文把第二个标准叫"Envy Free"（无嫉妒，不是"免费嫉妒"），所以就有人继续研究，有没有一种既公平，又"Envy Free"的分蛋糕方法，这个问题就要比仅仅达到公平标准难很多。但确实有人找到了对三人分蛋糕问题既"公平"且无嫉妒的方法，这种方法还不止一种。

先说其中一种。1980 年，有一个叫沃尔特·斯多奎斯特的数学家提出了一种令人拍案叫绝的方法，俗称"走刀法"。假设这块蛋糕是一个长条形的，每个部分都是均匀的，邀请一个裁判和三个参与分蛋糕的人，并让他们手里各拿着一把刀。这个刀当然不是用来互砍的，只是用来切蛋糕的。

裁判先把刀放在蛋糕的一头，比如最左边，但不要切下去，而缓慢匀速地向右移动。三个分蛋糕的人站在裁判右边，始终看着裁判手中悬浮的刀的位置，评估在这右半部分蛋糕上，哪个位置是自己心目中的一半蛋糕的位置，然后保持自己手里的刀在这个位置上。

所以情形就是一个裁判站在左边持刀向右缓慢移动，另外三个人站在他的右边，也拿着各自的刀，同时把刀指向裁判的刀的右半部分的蛋糕的一半的位置。另外三个人也会缓慢地向右移动，因为裁判向右移动的话，另外三个人评估的这个一半的位置肯定也会缓慢地向右移动。

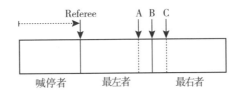

走刀法图示：Referee是裁判的刀。A、B、C是三人各自的刀的位置，喊停者（caller）拿最左边那块。

与此同时，这三个分蛋糕的人还要始终评估在裁判刀的左侧的那部分蛋糕，如果这部分蛋糕达到他们心目中的 1/3，他就要高喊一声"切"。当有人喊出"切"以后，所有人的刀就不能再移动了。此时裁判把自己的刀切下去，而右边三个分蛋糕者，要看谁的刀处于另外两把刀之间的位置，然后把中间的刀切下去，不管这把刀是谁拿着的，如此操作之后，这个蛋糕就被分成了三部分。

接下来该分蛋糕了。最左面那块，是裁判的刀切出的蛋糕，分给那个喊"切"的人。因为喊"切"的人认为那个部分已经达到了他心目中的 1/3，所以他拿这块是没有大问题的。然后就看剩下两个人的刀的位置。谁的刀靠左，就拿中间这块。谁的刀靠右，就拿最右边那块。现在看看这个方法为什么"公平"且"无嫉妒"。

首先，每个人"走刀"时的最佳逻辑策略如下。

走刀策略：每个人的刀总是处于可以平分右半边蛋糕的位置。

喊"切"策略：当你认为最左边的蛋糕和你不喊"停"时可以得到

的蛋糕一样大时，就需要喊"切"（若不"喊"，则左边这块可能被别人"抢"走）。具体来说，当你的刀在最左边时，在"左边 = 中间"时喊"切"；当你的刀在最右边时，在"左边 = 右边"时喊"切"；当你的刀在中间时，当"左边 = 中间 = 右边"时喊"切"。

对没有喊"切"的两人来说，他们认为裁判切出的蛋糕达不到他们心目中的1/3，所以他们绝不会嫉妒那个喊"切"的人。又因为右边两块切下的位置是在两人的刀中间，所以两人都会觉得至少得到了自己满意的那部分。

而对于喊"切"的人，若他的刀在最左边，则他认为自己拿到的蛋糕和中间那块蛋糕是一样大的，甚至比第三个人还多。刀若在最右边，则他认为自己拿到的蛋糕和右边那块蛋糕是一样大的，也比第三个人拿得多。若在中间，则他会认为大家拿的蛋糕是一样多的。

以上过程确实精妙，而且蛋糕只用切两刀就完成了分割。但这个方法的缺点也很明显，就是没有可操作性。它需要假设这个蛋糕是一块连续且均匀的物体，且每个人对刀的控制是即时且非常精确的，每个人也需要知道走刀的最佳逻辑策略。所以这种方法更像是一个计算机算法，而不是一种可以实际操作的方法。那有没有一种更具实操性，可以按轮次执行来解决三人分蛋糕问题的方法呢？

还真有。早在1960年，一个叫约翰·塞尔弗里奇的数学家就提出了一个解决方法，他把他的方法告诉了一个同行兼好友理查德·盖伊，然后盖伊又把这个方法告诉了其他许多人。但是当时他们显然都没有把这个发现当回事，所以也从未正式发表过。因而这一发现，只是在坊间流传了一段时间，并未引起较大轰动。可能塞尔弗里奇认为这只是一个雕虫小技，不值一提。也确实，相对于这个数学家在其他方面的成就，这个分蛋糕问题显得太微不足道了！

直到 1993 年，另外一位著名数学家约翰·康威又独立地发现了这个解法，"生命游戏"就是他发明的。巧合的是，两位发现这个分蛋糕方法的数学家名字都叫约翰，而且他们都没有正式发表这个方法，只是在私底下非正式地交流了一下。但此后的很多科普和专业文章都提到了这个方法，最终让这个方法为大家所知，所以现在这个方法就用两位数学家的姓氏来命名，称为"塞尔弗里奇–康威分割步骤"。

约翰·康威和"天使与魔鬼"游戏介绍

为方便大家理解，我将借用一个故事来介绍这个方法。庙里有三个和尚：一个胖和尚，一个高和尚和一个小和尚，我们让这三个和尚来分蛋糕。

话说这三个和尚平日里都很自私，谁都不愿意多付出一点，导致某日庙里的水极度短缺，饭也没法烧，三人都饥肠辘辘。这一天忽然有个行脚僧来访，欲借宿一宿。这个行脚僧说："看三位都饿了很多天了，我这里有一块蛋糕，可供三位分着吃。"

但是对于这个蛋糕该怎么分，三个人又开始激烈地争论起来，谁也不愿意吃亏，也见不得别人比自己多分一点。行脚僧说："别吵了，我有一个办法让大家都满意。"

三人将信将疑，但没有其他办法，就让行脚僧说说看，这个行脚僧说，我的方法是这样的：

小和尚你先过来，把这块蛋糕分成三块，但是记住你将是最后一个选的，所以请你把蛋糕分成你认为最均匀的三块，这样你到时候拿哪块都不吃亏。小和尚虽然认为这个差事看上去并不太好，但还是努力把这个蛋糕分成了自己认为公平的三块。

然后行脚僧对胖和尚说："如果让你第一个选，你会选哪块？"胖和

▌ 三个和尚分蛋糕。

尚暗自开心：这个问题好，原来是我先挑啊。他马上选了他认为的最大的那块。行脚僧接着说："慢着，你还不能拿这块。现在请你在剩下的两块中再选一块，你觉得比较大的。"胖和尚也不知道这个行脚僧葫芦里卖的什么药，只好再选了一块次大的。然后胖和尚说："现在我可以拿蛋糕了吗？"

"不行"，行脚僧说："刚才你已经选了最大的和一块次大的，那么现在请你从你选的最大的那块当中，切一点下来，放到一边。你的目标是使这块最大的和那块次大的看上去大小是一样的。"

胖和尚一听有点泄气了，原来前面是在试探我啊。但是没办法，现在行脚僧是权威，所以就小心翼翼地从他认为最大的那块当中切了一小块出来放在一边。此时他觉得最大的和次大的两块蛋糕在他心目当中已经是一样大的了。

行脚僧说："好了，现在轮到高和尚了，你可以从小和尚分的这三块里面随便挑一块，当然其中一块是被胖和尚切掉一点的。如果你喜欢这块被切过的蛋糕的话，你也还是可以选它。"

高和尚一听太开心了："原来是我先选啊！"高和尚看了三块蛋糕之后，觉得胖和尚次选的那块才是他的最爱，所以他选了那块。这时候行脚僧说："胖和尚，现在因为高和尚拿了他想要的那块了，而且他没有拿你切过的那块，所以你现在必须拿你刚才切过的这块。你刚才也认为你切过的这块比最后一块要好一点，所以你拿这一块应该没有什么不满意的。"

胖和尚一想确实如此，所以就拿了自己切过的这一块。最后行脚僧说："小和尚你可以拿剩下的这块。这块是当初你自己分的，而且你认为三块是一样大的，所以你应该也没什么不满意。"小和尚就拿了最后一块。

但是小和尚说："不对，这里还有胖和尚切下的一小块没有分。这块蛋糕虽然小，但是浪费也不好。"行脚僧胸有成竹地说："对，那我们现在就来分这剩下的一小块。有请高和尚，你过来，把这一小块分成你认为公平的三块吧。"于是高和尚小心地分了三块。

然后行脚僧说："这次请胖和尚先选一块。"胖和尚就从这三块中选了自己认为最满意的一块。然后行脚僧说："再请小和尚来选一块。"小和尚也挑了一块自己喜欢的，最后高和尚拿走了剩下的最后一小块。行脚僧此时说："好了，蛋糕都分完了，三位满意吗？"

三个和尚开始在心里算计起来。胖和尚是这么想的：第一轮我拿到了自己切过的那一块。这块我觉得跟高和尚拿走的那块相比是一样的，要比小和尚的那块好。第二轮呢，又是我第一个选，所以我选的这块肯定要比高和尚和小和尚的好，所以我当然没什么不满意的。

高和尚是怎么算计的呢？他想：第一轮我是第一个选的，所以我觉得我这块比另外两个和尚拿到的都好。第二轮这三块是我分的，对我来说这三块都一样，我也无所谓，所以两次加起来呢，我应该比另外两个和尚好，这个结果挺好。

小和尚是这样算计的，他想：第一轮我拿的这块是自己切的。这块对我来说与高和尚的那块是一样好的，但是比胖和尚切过后拿走的那块要好一点。第二轮我比高和尚先选，所以我总体来说肯定比高和尚拿到的要好一点。如果我跟胖和尚比，胖和尚只是拿了我当初切的1/3，切掉的那一小块又被我和高和尚各分走一点，所以他总体拿的还不如我第一轮拿的多，我比他划算太多了，所以这次分蛋糕对我来说是很划算的。

就这样，一个神奇的局面出来了。三个和尚都觉得自己分得的蛋糕比别人只多不少，所以三个人都满意，行脚僧圆满完成任务！

上述分蛋糕的故事就是根据"塞尔弗里奇-康威分割步骤"改编的。要说明的一点是，这个故事并没有覆盖到所有可能的选择，但已经足够说明整个步骤的框架。关于具体细节，各位可以自行思考或上网查找。这个步骤的最神奇之处，就是能实现"无嫉妒"的目标，即最后分析时，每个人都会打小算盘算计，但是怎么算都会觉得自己分得的蛋糕是大于等于其他人的。

现在你肯定在想这个方法能否推广到三人以上的情况呢？这是一个非常困难的问题。因为这个问题分为两种情形：在上面三个和尚切蛋糕的过程当中，每个人分得的蛋糕是一大块和一小块，是断开的。但在走刀程序中，蛋糕的切割结果是完整的，每个人都可拿到一块完整的蛋糕。可以想象，要使最终的切割结果是完整的要比断开的困难得多。如果要得到完整的蛋糕，就不能做调整，必须一次切出大家都满意的结果。

在 20 世纪 90 年代，人们发现的所有的四人或四人以上的分蛋糕方法，都可能需要无穷多个切割步骤，或者更准确地说是"问询步骤"。所谓"问询步骤"，就是说去问某一个分蛋糕的人，哪个位置是你需要的，或哪块蛋糕是最好的。对于这个分蛋糕问题，"问询"是最主要的操作步骤，因为并不是每次问询都会产生一次切割。而且，如果需要得到连续的蛋糕，那么 n 个人肯定最多只能切 $n-1$ 刀，所以能真正评估某个切割方法好坏的标准就是"问询"的次数。

直到 20 世纪 90 年代末，人们虽然发现了很多分割方法，但是这些方法都可能需要无穷多个问询步骤。在 2000 年到 2010 年这十年间，人们证明了：对不要求蛋糕连续的情况，这个问询步骤的下限，即最少次数是 $O(n^2)$，其中 n 为参与分割的人数，意即与人数的平方成正比例关系，但这只是下限。

而要求最终结果是不断开的蛋糕的话，这个下限是无穷大，即证明了没有一个只用有限问询次数的方法来切出大家都满意的连续的蛋糕。可以看到"走刀法"从本质上讲，也是一种需要无限问询次数的方法，因为每一小段刀的移动都等价于产生了无数次问询。

但是在很长一段时间里，人们不知道，在不要求结果是连续的蛋糕的情况下，有没有一个有限的切割步骤？虽然我们知道它有一个下限，但是这个上限还是不为人所知的。这个问题直到 2016 年才取得突破，两位澳大利亚的研究者证明，对四人或四人以上不要求切割结果完整的情形问题，具有一个有限的上限，这个上限数字十分神奇：

$$n^{n^{n^{n^n}}}$$

这个数字当然是大得可怕，哪怕是 $n=2$，一般计算器都无法显示其结果。但不管怎样，这总算告诉我们这个问题是有一个有限的答案的，这是非常重大的突破。也许以后有人能证明出更小的上限或者更大的下限。因为目前来看，这个上限要比这个它的下限 $O(n^2)$ 大很多。

最后值得一提的是，这个分蛋糕问题还有很多有趣的变体，比如蛋糕的形状不是一个抽象的直线形，而是一个二维的圆形，就有更简便的走刀法。另外如果蛋糕部分分完，允许剩下一些部分的话，那么对任何人数来说，都有一个相对简单且有限问询次数的分割方法。但这种情况的缺点就在于，随着人数增多，未分完的蛋糕的比例也越来越大，虽然可以重复这个步骤，继续分未分完的蛋糕，但总有不能分完的蛋糕。

相信你此时也在思考如何扩展"塞尔弗里奇–康威分割步骤"到四个人呢？好消息是已经知道存在有限的步骤能完成分割；坏消息是步骤次数上限为 $4^{4^{4^{4}}}$。我要警告你，这会是一个很难的问题，否则不会拖到现在都没有人找到！当然，如果你找到了，这将是一个重大的发现。但请你注意，你要确保自己的方法是"无嫉妒"的，即任何两人之间进行比较，每个人都觉得自己只多不少，这一点被很多人忽略。

思考题 **大老李陪你一起"玩"**

1. 如果蛋糕是圆形的，可以采用怎样的"走刀法"，完成三人分蛋糕？

2. 你觉得在生活中的哪些地方能用上"三人分蛋糕"策略呢？

✒ | 移动沙发问题 |

你有没有这样的经历：你在狭小的通道里移动一个沙发，到一个转弯处卡住了，不管如何调整都挪不过去了。此时你唯一指望的就是房间够高，再来几个力气大的人帮你把沙发竖起来移动。如果房间不够高，那就只能沮丧地把沙发挪回去了。

"无聊"的数学家们由此提出一个问题，现有一个宽度为 1 的走廊，且这个走廊有一个向右的直角转弯。问：在这样的走廊里，可以通过的最大俯视面积的沙发有多大?

在狭长的走廊里移动沙发，总是一件伤脑筋的事。

看到此题我的第一反应是——怎么看都像小学生最多是初中生的智力题嘛。但这个问题在 1966 年就被提出了，至今仍未解决！

这里要先对题目说明几点：第一点这个问题考虑的是二维平面上的状态，走廊高度是不考虑的。你不用考虑把沙发抬起来之类的动作，可以把沙发底部想象成装满轮子，只能平移，则这个问题问的是沙发的最大的俯视面积。

第二点是走廊的长度与结果无关，可以认为走廊不论直角转弯之前或之后，都有无限长的空间。我们稍后会看到走廊的长度对能够转弯移动过去的沙发大小是没有贡献的。

第三点是数学家给能通过这个直角转弯的最大沙发的面积数值起了一个名字——"沙发常数"（Sofa Constant），估计数学家也对搬动沙发这件事深感苦恼。

问题定义好了，我们来看看这个沙发常数到底会在什么范围。一方面，肯定有一些形状是可以通过这个转弯的，即这个沙发常数肯定有下界。另一方面，也不可能任意大的物体都能过弯。

略微思考，你就会发现能通过这个直角转弯的最长的一条线段的长度是 $2\sqrt{2}$，即边长为 2 的正方形的对角线。比这个长度再长哪怕一点，哪怕只是一根很细很细的棍子，也是没法过弯了，相信大家在家搬动东西都有这种在转弯处被卡住的经历。这一点也告诉我们沙发上任意两点间的最大距离不能超过 $2\sqrt{2}$。

你可能马上会想那我给出一个边长为 1、对角线长度为 $2\sqrt{2}$ 的矩形，这个形状能过弯吗？你稍微想一下就能发现这个形状是过不了弯的，因为一旦有两点距离是 $2\sqrt{2}$，那么它就不能有宽度，此处我们只考虑直线线段的情况，如果考虑曲线的话，则可以更长，目前只知道下限为 2

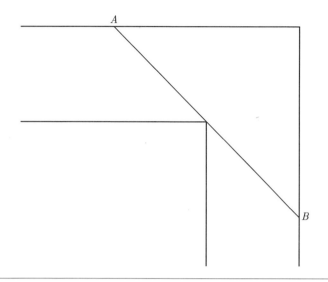

在一个宽度为 1 的直角走廊里，线段 AB 是能通过的最长线段，其长度为 $2\sqrt{2}$。

（$1+\sqrt{2}$），但这是另一个问题了。

那好，现在我们知道沙发常数必有下界和上界了，你可能开始跃跃欲试，试图找出一个最大的能够过弯的形状。

首先，一个 1×1 的正方形肯定可以，但它的面积只有 1。你很快能想到半径为 1 的半圆肯定也能过弯，它的面积是 π/2，约等于 1.57，这比前一个结果好多了。而且综合正方形过弯和半圆过弯的情况，你会发现正方形过弯是一个纯粹平移的过程，而半圆过弯是一个纯粹旋转的过程，因为半圆过直角弯时，其实就是把直角弯的内角顶住圆心，然后整个半圆旋转 90 度，就可以继续平移了。

所以出现一个自然的思路：能否既利用平移也利用旋转来过弯呢？还真有人想出了这个办法，1968 年，英国数学家约翰·哈默斯利设计了以其名字命名的"哈默斯利沙发"，沙发的形状像一个拱桥，拱桥的桥

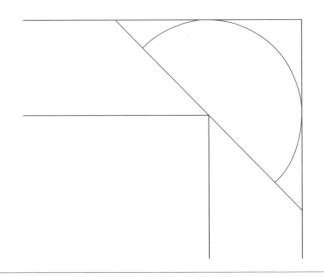

▌ 半径为 1 的半圆可以旋转通过这个直角转弯。

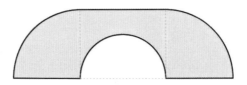

▌ 哈默斯利沙发的形状，是一个矩形加两个扇形。

拱是一个半径为 1 的直角扇形，桥面的部分则是一个 1×(4/π) 的矩形切掉一个半径为 2/π 的半圆。两个直角扇形面积之和是 π/2，再加上面积为 4/π 的矩形减去一个面积为 2/π 的半圆，所以整个形状的大小就是 π/2+2/π，约等于 2.2074，这就比前面的面积为 1.57 的沙发好多了。

π/2+2/π 这个数字也是蛮有意思的，看似生造的无理数居然有了特定的意义。但是这个纪录没保持多久，1992 年，一个叫约瑟夫·哥维尔的美国人就发现了一个更大的形状，被称为"哥维尔沙发"。这个沙

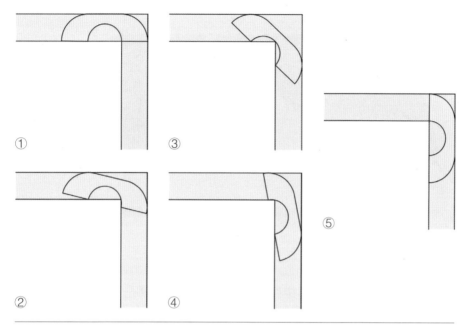

① ③ ⑤
② ④

以上组图：哈默斯利沙发的过弯过程——平移与转动的结合。

发的形状看上去跟哈默斯利沙发很像，但它的边界实际上是由 18 条特定的曲线围成的。听上去有点复杂，但其实它是左右对称的，所以每侧是 10 条曲线（左右共享了两条曲线的一半），而这 10 条曲线与哈默斯利沙发的边缘形状非常接近，只是对原先的直线和弧线部分做了微小的改动。

哥维尔发现这个沙发过弯用的方法是所谓的"局部优化法"，听起来好像很神秘，但其实我们平时搬沙发过弯的时候经常用的就是"局部优化法"。当你发现沙发卡住的时候，你会怎么做？你肯定先会看看哪里卡住了，然后再看看哪里还有转圈的余地，是考虑旋转呢，还是平移，卡住的部位是不是可以挪动一下，甚至可以用弹性暂时把体积压缩一点，

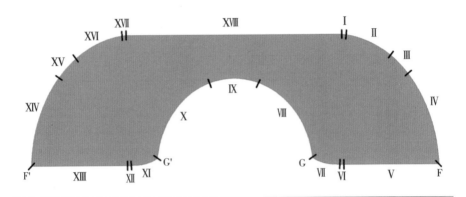

▌ 哥维尔沙发的形状，由 18 段短曲线构成，与哈默斯利沙发很像。

设法通过这个卡点之后再继续搬动。你看，这不就是"局部优化"吗，你只是针对局部进行调整而已。

也正因为只是进行"局部优化"，所以哥维尔的结果会跟哈默斯利的很像。但这个沙发过弯的局部优化推导过程可一点都不简单，涉及很多繁复的计算。

哥维尔沙发的大小约是2.2195，比哈默斯利沙发只大了0.01多一点。哥维尔认为他的沙发应该是最优化了，但无法证明他的沙发面积就是最大值。

你可能会说，既然是局部优化，那对哥维尔沙发本身再进一步优化可不可以？比如，把它的任何一小段曲线再分成更多段，能否得到更好的结果？我的答案是：行，但是你要证明！

前面说了哥维尔经历了十分复杂的计算步骤才完成。一方面，如果你要进一步对他的沙发优化，那计算步骤只多不少。另一方面，局部优化永远是局部的，你对哈默斯利沙发的改进只能是很微小的。

实际上有人做过更多计算，发现针对哥维尔沙发的局部优化设计很可能是最佳结果。继续优化也许可以提高，但是提高的幅度几乎可以忽略不计。所以，目前数学家着眼于用其他的方法，试图从全局角度找到最大的沙发形状，或者哥维尔沙发已经是最优结果。因此目前沙发常数的最佳结果仍旧停留在 1992 年哥维尔计算出的 2.2195。

这个移动沙发问题有好多种扩展。刚才说的沙发是通过一个向右转的走廊，现在要求沙发既能通过右转又能通过向左转的走廊，这个沙发可以有多大？可以想象这个沙发要比前面那个小一点了，目前这个问题的最佳结果是一个被称为"左右二心"的沙发，就是像两个心形连接起来的沙发，其面积公式相当令人惊奇：

$$\sqrt[3]{3+2\sqrt{2}} + \sqrt[3]{3-2\sqrt{2}} - 1 + \tan^{-1}\left[\frac{1}{2}\left(\sqrt[3]{\sqrt{2}+1} - \sqrt[3]{\sqrt{2}-1}\right)\right] \approx 1.645$$

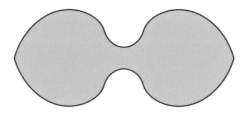

既能过左弯也能过右弯的沙发的形状。由加州大学戴维斯分校数学系主任丹·罗米克在 2016 年发现，这个形状比哥维尔沙发优美多了。

另外一种扩展就是向三维扩展，比如这个走廊先是向右转，然后又开始垂直向上，问能通过这个走廊的沙发的体积最大可以是多少？这个问题就完全超出我的脑力所及范围了，大家有兴趣可以上网搜搜看这个三维沙发长什么样，提前可以告诉你，这个三维沙发的二维投影还是很像哈默斯利沙发的。

　　说到这里，大家有没有觉得"移动沙发问题"与"挂谷宗一问题"有点像？1917 年，日本数学家挂谷宗一提出了这么一个问题：长度为 1 的线段在平面上做刚体移动（转动和平移），转过 180°后回到原位置，扫过的最小面积是多少？我刚看到这个问题时就觉得很有意

挂谷宗一问题简介

思，结果更是让人吃惊，答案是：可以任意的小，因而没有最小值。这个问题有点像问一个沙发要转个方向，问最小需要多大面积。

　　"移动沙发问题"比"挂谷综一问题"有意思的是，我们确定这个答案是有一个确切值的。目前最好的答案是 2.2195，而且我们知道它不能大于 $2\sqrt{2}$，即一条边为 1 的矩形面积，约等于 2.6458。"移动沙发问题"要比"挂谷宗一问题"难得多，因为在这个问题中我们要证明某个结果是最大值。虽然我们可以一次又一次找出更大的沙发面积，但只要不能证明是最大值，那这个问题就不能算解决。而这个问题又十分开放，约束条件非常少，只要求能过一个直角弯。如果加入一些约束条件，比如问能过弯的最大的矩形、圆形、三角形的面积等，这些问题都有了解答。这跟很多数学问题一样，约束条件少，要考虑的可能性太多，往往使问题变得非常困难。

　　最后，还有几个类似的未解决的问题，比如"莫斯蠕虫"问题和"移动钢琴"问题等，可以作为大家的延伸阅读，前提是你对这些问题"兴趣盎然"。

思考题　大老李陪你一起"玩"

1. 如果限定沙发的形状是矩形，则最大的能过直角弯的沙发面积是多少？

2. 对"挂谷宗一问题"延伸一下：一个边长为 1 的正方形，在平面上作刚体移动，转过 90° 回到原来位置，扫过的最小面积是多少？

✒ | 环内找方——内接正方形问题 |

我们很早就在课堂上学过内接多边形的概念，比如我们知道圆必然有一个内接正方形，但你是否考虑过在其他闭合曲线内会不会有内接正方形呢？

你可以做个试验：请你在纸上任意画一条闭合曲线，形状不论，只要求封闭，凹凸也不论，但这条曲线不可以有相交的情况。然后设法在曲线里画一个内接正方形，使正方形的四个顶点都在曲线上，但允许这

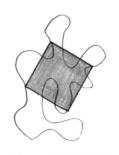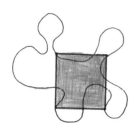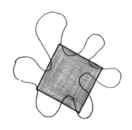

▌ 无论是怎样的简单闭合曲线，似乎都有内接正方形。

个正方形超出闭合曲线之外。你会惊奇地发现，似乎总是可以找到四个点，依次连接起来像一个正方形。所以，1911年德国犹太裔数学家奥托·托普列兹提出了这么一个问题：是否每一条若尔当曲线（又称"平面简单闭合曲线"）都有某个内接正方形呢？这被称为"内接正方形问题"。

拓扑学中，若尔当曲线是平面上的非自交环路，即前述构成环的但自身不相交的任意曲线。有一个貌似废话的"若尔当曲线定理"：每一条若尔当曲线都把平面分成一个"内部"区域和一个"外部"区域，且从一个区域到另一个区域的任何道路都必然在某处与环路相交。

分形

它由美国数学家奥斯瓦尔德·维布伦在1905年证明。它看似简单得像句废话，但被严格证明花了50多年。其原因主要是闭合曲线的种类太多了，比如分形曲线也需要考虑在内。另外这个定理在球面上成立，但在环面上就不成立（请想象一下救生圈表面的一条简单闭合曲线）。这就说明环面与球面在拓扑中有些本质区别，此为题外话，恕不详述。

而这个内接正方形问题，同样看似简单，但也属于数学家至今仍未彻底解决的问题。目前数学家已经解决的有以下几种类型的曲线：

首先，1913年安洛德·埃姆什证明了"足够光滑"的若尔当曲线是一定有内接正方形的。所谓"光滑"，学过微积分的人会很熟悉，就是曲线在某处"连续且可导"。形象点说，就是沿着曲线走，你不会感觉在某个位置需要停下来转个身才能继续前行；而是可以在移动中，"自然"地沿曲线改变前进方向。

"光滑"也是可以区分程度的。比如，曲线在某个位置有一阶可导，二阶可导以至任意阶可导。一般来说，可导的阶数越多，曲线越光滑。而对于不光滑曲线，同样证明可以用许多光滑曲线逼近，但最终的内接

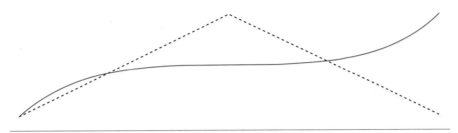

红色是一条光滑曲线，蓝色虚线是一条不光滑曲线，其有一个"拐点"。

正方形可能收缩为一个点，因此该证明不能完美适用于不光滑曲线。

两年后，1915年，埃姆什证明了分段解析曲线总有内接正方形。解析曲线指可以用"解析函数"描述的曲线。而解析函数指在任何位置无限可微，且泰勒级数收敛于其自身的函数。其包含所有初等函数，比如多项式函数、指数函数、对数函数、幂函数和三角函数。也有很多非初等函数是解析函数，比如局部可以用整系数多项式来逼近的函数。

1989，沃尔特·斯多奎斯特（就是本书"三人分蛋糕问题"一章中提到过的斯多奎斯特）证明了局部单调曲线必有内接正方形。局部单调的简单定义是：曲线上任意一点的附近领域内，都可以用一个单调函数描述。局部单调曲线包含所有多边形、凸曲线以及没有尖点、奇点、无限回环的大部分曲线等。总之斯多奎斯特证明了：如果一个曲线足够"友好"（包含所有你可以用"笔"在纸上画出的曲线），那么它就应该有内接正方形。

另外，如果曲线具有"对称"性，就有很多友好的结论了，其中的证明很有意思，特列举若干（以下图片和证明摘自爱达荷大学数学系教授马克·尼尔森的个人网站）。

任何具有对称中心的简单闭合曲线都有内接正边形，这个结论可通过将曲线自身绕对称中心旋转90°证得。如图。

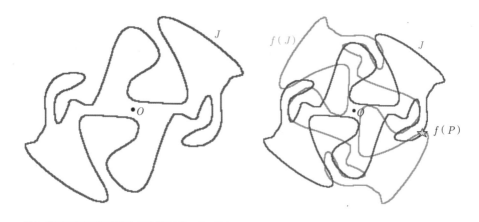

> J 是关于 O 点中心对称的简单闭合曲线，$f(J)$ 是 J 关于 O 点旋转 90° 后所得的曲线。

  J 是关于 O 点中心对称的简单闭合曲线，则易知，如果 P 点是 J 上的任何一点，则 $-P$ 点（P 点坐标乘以 -1 所得点）也在 J 上。$f(J)$ 是 J 关于 O 点旋转 90° 所得的曲线。此处定义 f 为：将平面上某点，关于 O 点顺时针旋转 90° 的操作。

  可以观察到 J 与 $f(J)$ 相交于某个点，则易知 P，$f(P)$，$-P$，$-f(P)$ 构成了 J 的内接正方形。现在只需要证明 J 与 $f(J)$ 必相交于一点，这并不难，请见下图：

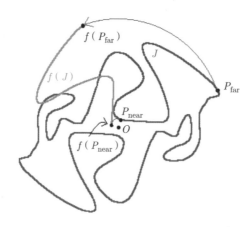

设 P_{near} 和 P_{far} 分别是 J 上距离 O 点最近和最远的点。则：

- $f(P_{near})$ 到 O 的距离小于等于 J 上任何一点到 O 的距离。

- 类似，$f(P_{far})$ 到 O 的距离大于等于 J 上任何一点到 O 的距离。

- 因此 $f(P_{near})$ 在 J 上或 J 内；$f(P_{far})$ 在 J 上或 J 外。

- 如果以上两者有任何一个在 J 上，则我们已经证得。

- 如果以上两者都不在 J 上，则 $f(J)$ 必然连接了 J 上一个内部和一个外部的点，所以 $f(J)$ 必与 J 相交！

类似地，还有一个命题：每一条简单闭合曲线有很多内接平行四边形和内接菱形。

▌ 四个登山者"攀登"简单闭合曲线"山峰"的示意图。

事实上，对每条简单闭合曲线和直线 L，曲线 J 总有一个内接菱形，且其两边平行于 L。该证明非常有趣，过程如下：

首先，建立坐标系。取 L 的方向为 x 轴，因此我们的问题变为证明这个内接菱形有两条边是水平的。

我们使用一种称为"爬山"的证明技巧。设想 J 是一座"山峰"的侧视图。山峰的最低点是 x 轴上的某点 P，山峰的顶峰在 y 坐标最大的某点 Q。

设想有 4 个登山者。其中两个从山峰底端 P 点开始登山，并且两人是面对面地攀登山峰的两侧。两人约定，"上升高度"总是保持一致，即两人的 y 坐标总是相等。当然，有时其中一个需要停下来，"等待"另一人赶上来后再一起向上，以保持高度一致。严格证明以上爬山过程的可行性有点复杂，但直觉上我们可以相信，这是可行的。

另有两个登山者从山峰 Q 点开始下山。两人同样是面对面且从山峰两侧下山。下山过程中，两人保持高度一致。

接下来，我们需要四个登山者一起配合！他们四个约定：保持登山的两人之间的水平距离与下山的两人之间的水平距离时刻相等。当然过程中，某组的两人可能需要"折返"一定高度，以保证达到以上要求，但是稍加思索，会发现此要求是可以达成的。

因此，这四个登山者始终构成一个平行四边形，且总有两条边平行于 L。这个平行四边形开始时形状是非常"瘦长"的，但最终其形状会变得"又矮又胖"（当同一侧的登山者和下山者快相遇时）。而在这个过程中，这个平行四边形必然在某个时刻是菱形！

还有一些与"内接正方形问题"相关的命题已经得到了证明，证明过程从略，证明结论供大家思考：

• 每一条简单闭合曲线必有至少一个内接矩形。

• 给定任意三角形，每一条简单闭合曲线必有至少一个内接三角形，且与给定三角形相似。

• 以上命题还可以扩展至三维：三维空间内的简单闭合曲线必有一个内接三角形，与给定三角形相似。

以上就是我们知道的一些结论，总之现在已经非常接近目标了，只要曲线是"友好"的，比如足够光滑或有对称性就能找到内接正方形，但不能覆盖所有曲线。

有关内接正方形问题的推广形式，有一个简单的结论，给定一个 n 边形 P，$n \geq 5$，则很容易找到一条简单闭合曲线，使得它没有一个相似于 P 的内接 n 边形。但如果取消"相似"要求，仅要求每一边长度，依次与原多边形对应边的比相等，则总可以找到这样的内接 n 边形。

思考题 大老李陪你一起"玩"

1. 请找到一条简单闭合曲线，使其有且仅有一个内接正方形。

2. 用尺规作图法，找出一个三角形的内接正方形。

3. 任何简单闭合曲线都有外接正方形吗？

连点找多边形——幸福结局问题

让我们从一个实验开始本小节主题。请你在一张纸上任意画 5 个点，仅要求其中不要有 3 点共线。请你尝试在这 5 个点里找 4 个点连接起来，目标是构成一个凸四边形。

可以尝试在纸上多画几组，你会很快发现，不管怎么画这 5 个点，似乎总能找出 4 个点来构成凸四边形。但是很显然，只有 4 个点的话，

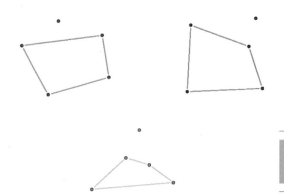

> 幸福结局问题：平面上任意 5 个点，似乎总能找出 4 个点并连线，构成凸四边形。

不一定能构成凸四边形。如果让你尝试画 5 个点，其中不存在某 4 个点的连线可以构成凸四边形，你会发现怎么都做不到。

现在问题是能否证明按如此条件构成凸四边形，是否至少就需要 5 个点呢？是否存在某种 5 个点的位置不能构成凸四边形的情况呢？如果要构成凸五边形，又至少需要多少个点呢？凸六边形又如何呢？通常来说，平面上至少需要多少个点来构成凸 n 边形的问题，就是所谓"幸福结局问题"。

但这跟"幸福结局"有什么关系呢？因为这与一个过程曲折但结局完美的故事有关。大约在 1933 年，匈牙利首都布达佩斯有一群爱好数学的年轻人，他们经常聚在一起讨论数学问题。其中最为活跃的有三个人：一个女孩子名叫埃丝特·克莱因，当时 23 岁；比她小一岁的男生乔治·塞凯赖什；还有一个当时 20 岁的，后来大名鼎鼎的保罗·埃尔德什。

有一天，埃丝特·克莱因拿了一个问题去挑战她的这两个朋友，请他们证明前面提过的例子，是否平面上有 5 个点，就必然能在其中找到 4 个点，构成一个凸四边形。没过多久，塞凯赖什和埃尔德什就证明了这一问题。而且两年后，他们两人还证明了，对任何一个凸 n 边形，只

需要最多 $\binom{2n-4}{n-2}+1$ 个点，肯定就能从其中找到 n 个点，构成一个凸 n 边形。这个定理就被称为"埃尔德什–塞凯赖什定理"。

而让人羡慕的是，塞凯赖什和克莱因在一起研究这个问题的过程中，坠入爱河，最后喜结连理。你看这是不是一个幸福结局呢？所以后来爱开玩笑的埃尔德什就说，这个问题干脆就叫"幸福结局问题"好了。

塞凯赖什夫妇跟中国还有点缘分。他们 1937 年在匈牙利结婚，两年后第二次世界大战（简称"二战"）爆发，因为两人都是犹太人，不得不开始逃亡，他们选择逃到了上海，并在上海定居下来。在"二战"期间，上海接收过四万多犹太难民，其中就有这两位数学家。他们在上海居住了 9 年，第一个孩子也出生在上海，后于 1948 年移居澳大利亚，并一直生活在那里。更为神奇的是两位数学家都很长寿，活了 90 多岁，直到 2005 年，二人在 1 个小时内相继去世。所以他们的人生绝对称得上是幸福结局。

再顺便说说给这个问题起名为"幸福结局"的埃尔德什，他在数学界更为著名。其最为出名的成就就是多产，一生发表过 1500 篇论文，且他喜欢与众多数学家合作发表论文。以至于数学界有这样一个非正式学术指标，叫"厄多斯数"，"厄多斯"就是埃尔德什的另一种中文译音，意思是说如果你跟埃尔德什合作发表过论文，那你的厄多斯数就是 1。如果你跟厄多斯数为 1 的人合作发表过论文，那你的厄多斯数就是 2，以此类推。当然，厄多斯数越小，在某种程度上说明你的数学水平或者地位越高。现在埃尔德什已经去世，所以各位想成为厄多斯数为 1，已经不可能了。各位可以赶紧找找身边有没有厄多斯数的人，你跟他一起发表篇论文，那你就有厄多斯数了。

前面已经说过塞凯赖什和埃尔德什证明了无论几边形，需要的点数总有一个上限的。但数学家就想找到一个准确的数。

埃尔德什和塞凯赖什自己就证明了凸五边形需要 9 个点。而三角形很明显只要 3 个点，凸四边形需要 5 个点。埃尔德什和塞凯赖什根据已知情况猜想，对 n 边形，需要：

$$1+2^{n-2}$$

个点。以此类推，那凸六边形，就需要 17 个点等。但即使有了猜想，凸六边形的情况时隔 70 年，直到 2005 才被证明，而且还是借助计算机证明的。但对于凸七边形，需要的点数就达到 33 个，计算机也无能为力。所以对一般情况的处理，数学家只能通过缩小上界的方法，慢慢逼近下限。

1935 年，埃尔德什和塞凯赖什证明了上界的存在性，为 $\binom{2n-4}{n-2}+1$，下界就是 $1+2^{n-2}$。而他们认为下界就是所需的最少点数。让我们来看看 $n=4$ 时的命题证明框架：

如下图，假设在平面上已有 5 点，并且任意 3 点不共线。取其中 3 点构成一个三角形。余下两个点记作 A、B，连接 AB 得到一条直线，如点 A、B 都在三角形内，则直线 AB 必交三角形两边，将三角形分为两部分，其中一部分是三角形，另一部分是四边形。在四边形的那一部分，连接 BC、AD，则必可得到一个凸四边形：

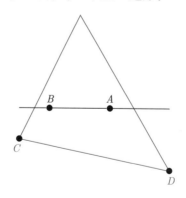

A、B 两点在其他三点构成的三角形内，则 $ABCD$ 可以构成一个凸四边形。

如果连接三点构成三角形后，余下两点不全在这个三角形内，则至少有一个点在三角形外，记作 D。连接原先三角形的 3 个点和 D，则也必可得到一个凸四边形：

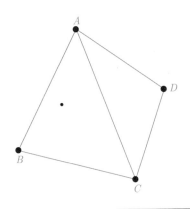

■ 取三角形 ABC 外一点 D 连线，则 $ABCD$ 构成一个凸四边形。

别看 $n=4$ 的情况如此"简单"，对 n 等于任意数的证明却异常困难。据埃尔德什和塞凯赖什说，$n=5$，$f(5)=9$ 的情况，是 1935 年一个叫 E·马凯的人证明的。

$n=6$，$f(6)=17$ 的结果是塞凯赖什（成果发表时已去世）和林赛·彼得斯于 2006 年证明的。

最新成果是安德鲁·苏克在 2016 年声称自己证明了上界是 $f(N) \leqslant 2^{N+o(N)}$。这个结果与最终正确答案只差一步之遥，但还需要验证。

另外值得一提的是，这个幸福结局问题是"拉姆齐理论"的第一个重要的应用。拉姆齐理论是处理这种类似问题的理论——最少需要几个人，使得其中有 3 个人互相认识或者互相不认识？拉姆齐在 20 世纪 30 年代证明这个结果是 6 个人。但是直到现在，如果问至少需要几平面上有 8 个点，但无法构成凸五边形的一个例子，即证明 $f(5)>8$。

个人，使得其中 5 个人互相认识或者互相不认识，答案是——数学家还不知道！只知道是需要 43~48 个人。所以拉姆齐理论也是看上去简单，却是数学家解决不了的问题。

幸福结局问题有一个扩展，叫"空心幸福结局问题"。它比幸福结局问题多一个要求：构成的凸多边形中不含其他点。目前已知空心幸福结局问题，构成四边形仍然只需 5 个点，五边形则需 10 个点。

你可能感觉在空心幸福结局问题中，只要点数多一点就可以了，但是约瑟夫·霍顿在 1983 年证明，当点数足够多时，可以做到，无论你怎么找，都不能找到空心凸七边形。但是长期以来，有关六边形的空心幸福结局问题的情况不清楚。在 2007 年和 2008 年时，有人证明，只要点数足够多，就会有空心凸六边形了，但到 29 个点时有反例。至于上限，目前知道的是 129 个点以上都成立。所以问题的答案在 29 到 129 之间，具体是哪个数仍未可知。

思考题 大老李陪你一起"玩"

　　1. 请思考一下为什么幸福结局问题那么难？平面上有 17 个点，可以连线构成多少个六边形（凹凸不论）？

　　2. 如果平面上有 $1+2^{n-2}$ 个点，可以从中构造多少个 n 边形？

| 最出名也最难的考拉兹猜想 |

　　如果你对标题中的"考拉兹猜想"感到陌生，我说说它的其他名字，你是不是能想起来：奇偶归一猜想、$3n+1$ 猜想、冰雹猜想、角谷猜想、哈塞猜想、乌拉姆猜想和叙拉古猜想。

　　如果你还没有想起来，我就再复述一下这个猜想的内容，看看你是不是能反应过来。这个猜想是这样说的，任取一个自然数，如果它是奇数，那么就把它乘以 3 再加 1；如果是偶数，就把它除以 2。把得到的结果再重复上述过程，这个过程也叫作"考拉兹变换"，最后，无论你取什么样的自然数，重复上述过程后，你最后会进入一个 4，2，1 的循环。该猜想又名为"奇偶归一猜想"或"$3n+1$"猜想。

　　怎么样，我敢打赌你看到过这个猜想，也曾经在纸上尝试写几个自然数去验证它，相信很多人都有过这样的经历。在小学时我就看到过这个猜想了，没想到几十年过去了，这个猜想还是没有解决。

　　为了给之前不了解这个猜想的人来点感性认识，我们还是简单验证

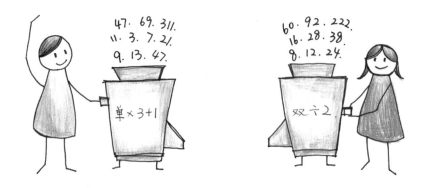

考拉兹运算，就是一个把自然数按奇数和偶数分别循环往复处理的过程。

一个数字，比如 6。6 是偶数，除以 2，得 3；3 是奇数，那乘以 3 加 1，得 10。此后的序列是 5，16，8，4，2，1。到 1 之后，若继续算，那么又会得到 4，然后进入 4，2，1 这样的循环。"考拉兹猜想"认为，所有自然数经过这样的迭代转换，最后都会进入 4，2，1 的循环。你看这个问题是不是够简单了，小学 4 年级学生绝对可以理解的。

这个猜想最早是在 20 世纪 30 年代，由当时还是大学生的德国数学家考拉兹提出的。20 世纪 60 年代，日本人角谷静夫也研究过这个猜想，并让这个猜想流传到中国，所以在中国，这个猜想曾经被称为"角谷猜想"。

这个猜想看上去如此简单，但为什么又这么难？我请你再做一个试验，请你拿一个计算器，对 27 这个数字进行验证。这个数字看上去很小，但我打赌你尝试 10 分钟后，就放弃了。因为在你进行了五六十轮计算之后，验证还没有结束的迹象。接近 80 步的时候，你会得到一个惊人的数字 9232，你看从 27 到九千多是不是很吓人。但之后，只要你坚持到第 110 步，整个数列如预期的一样，回到了 1。而验证数字 26 只要 10 步，验证数字 28 只要 18 步，所以这里面完全看不出明显的规律来。

数字 27 的完整验证步骤如下，其中最大的数是 9232，共有 111 个步骤：

{27，82，41，124，62，31，94，47，142，71，214，107，322，161，484，242，121，364，182，91，274，137，412，206，103，310，155，466，233，700，350，175，526，263，790，395，1186，593，1780，890，445，1336，668，334，167，502，251，754，377，1132，566，283，850，425，1276，638，319，958，479，1438，719，2158，1079，3238，1619，4858，2429，7288，3644，1822，911，2734，1367，4102，2051，6154，3077，9232，4616，2308，1154，577，1732，866，433，1300，650，325，976，488，244，122，61，184，92，46，23，70，35，106，53，160，80，40，20，10，5，16，8，4，2，1}

如果要进一步理解这个猜想，我还是用一个常用的比喻来说明。我们可以把整个考拉兹猜想的运算过程想象成一个飞机的航线。开始的数字，是飞机的起始高度。中间每一步的运算都可以想象成飞行高度的变化。整个航线会结束在 1 这个最低点，而航线的长度就是整个考拉兹运算的步骤数。比如 27 号航线，起始高度是 27，航线最高点到了 9232，航线总长 111，最终安全降落在 1 的高度。

稍微思考一下，你就会发现很多航线是共享的，比如"27 号航线"，最高到了 9232。其实也可以认为从这个点开始，它就按"9232 号航线"

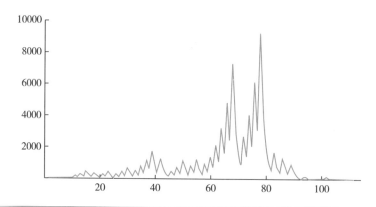

"27 号航线"，横轴是步数；纵轴是"高度"，即每一步的结果。

的路线飞行了。你也可以发现 9232 号航线要比 27 号航线短许多，尽管 9232 号航线起飞高度要比 27 号高很多。

现在的计算结果表明航线号在 1 万以内的，最长的是 6171 号，总长是 261。1 亿以内的，航线最长的是 63,728,127，共有 949 个步骤。目前已经有人用计算机验证到 5×10^{18}，在这个范围内也没有发现反例。但与许多问题一样，验证再多也不能对证明这个问题产生任何帮助。

因为所有的航线最终都汇聚到一起，所以有点百川入海的感觉，如果倒过来看，又很像一棵树，根部是 1，然后上面是 2，4，产生很多分叉。有人把整棵树画了出来，请你感受一下，是不是很有神秘感？

如果有人能证明这棵树可以覆盖所有自然数，就等于是证明了考拉兹猜想。2011 年考拉兹的一个学生声称证明了考拉兹猜想，但事后发现他的证明里有一个小的缺陷，是因为他在证明中利用到的一棵树，没有

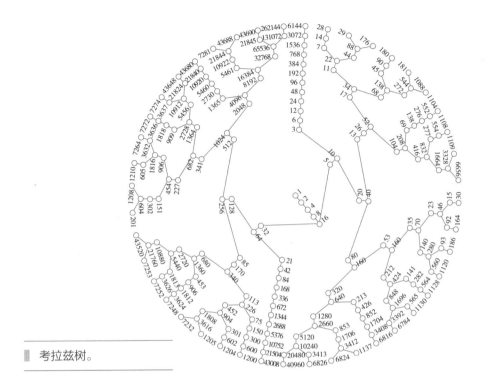

考拉兹树。

证明覆盖到所有自然数。到现在过了 8 年，这个缺陷还是没有被补上，所以考拉兹猜想还是猜想。

目前对考拉兹猜想最好的证明成果是在 2003 年由 2 位研究者创造的，他们证明了从 1 到第 n 个自然数里，符合考拉兹猜想的自然数数量远大于 $n^{0.84}$。比如，n 取 10000，就是说 10000 以内符合考拉兹猜想的自然数数量远大于 $10000^{0.84} \approx 2291$。你可能会说这个结论很弱嘛，而且表达有点含糊，什么叫"远大于"呢。其实这恰恰说明了这个猜想很难，而数学家也很严谨。虽然说远大于 $n^{0.84}$，很可能换成大于 $n^{0.9}$ 甚至大于 $n^{0.9999}$，但是证明达不到这一点，所以数学家就不会这么说。

作为对比，如果你用中文搜索"考拉兹猜想"或者"角谷猜想"，能发现好多人声称证明了这个猜想，还有极少数人声称推翻了这个猜想。

有些证明甚至短得不到一屏，但这些证明的漏洞都太明显。相比之下，英文网页里就有很多考拉兹猜想的科普文章，就这一点我觉得中国人的数学科普工作还是任重道远。

谈到英文网页，我找到了一篇由非常杰出的澳籍华裔数学家陶哲轩在 2011 年写的一篇博客，在博客中，他谈了对考拉兹猜想的一些研究心得和感想。

陶哲轩简介

我简单介绍一下这篇博客的内容，虽然是博客里的文章，但内容还是非常艰深的，我也只能把其中的主旨和要点告诉大家，带领大家看看数学家的思维方式。

首先，陶哲轩说考拉兹猜想有点像另一位数学家说到过的"数学疾病"。为什么是疾病？就是因为这个猜想太出名，而题目本身的概念太简单，导致很多人过度迷恋它，纠结于这个猜想，因而浪费了大好时光。

其实数学里很多难题的解决并不能纠结于问题本身，而经常是在其他领域或其他问题取得重大突破后，把这个突破运用到原来的问题中，最后得以解决问题的。最典型的例子就是费马大定理的证明，有人发现费马大定理是"谷山-志村猜想"的一个推论，如果证明了"谷山-志村猜想"，就等于证明了费马大定理。

安德鲁·怀尔斯在了解到这一点之后，觉得他有一些思路可以攻克"谷山-志村猜想"，所以他就开始朝这个方向进攻，最后，通过谷山-志村猜想推导出费马大定理。这件事情告诉我们：对一个特定数学难题太过迷恋或纠结是不好的。好的办法是广泛地学习和了解更多有关数学领域的知识，然后你才能发现解决一个问题的最好办法。

其次，陶哲轩也认为考拉兹猜想不是数学家目前应该主攻的问题，因为理论工具还没准备好。他认为一个成熟的数学家应该主要考虑那些刚好超过数学工具边缘的问题。这虽然很好理解，但是对数学家的要求非常高。你需要知道有哪些数学工具可用，也需要了解解决一个问题可能会用到哪些工具，还要对它的难度有很好的估计。不过通过这句话，我想奉劝各位，不要痴迷于解决考拉兹猜想了，这不是业余爱好者可以解决的问题。

接下来，陶哲轩对考拉兹猜想做了一些很有意思的启发式讨论。所谓"启发式"，是说这种讨论绝不是严格的证明，只是对问题的一种估计、联想和类比。

首先，他说了一个众所周知的联想。原先在考拉兹变换过程中，遇到奇数乘以 3 加 1，而奇数乘以 3 加 1 必定为偶数，所以我们可以略加修改，改成：遇到奇数我们就乘以 3 加 1 再除以 2，因为必定可以整除嘛。除完结果是奇数还是偶数就不一定了。遇到偶数仍旧除以 2，结果也是奇偶不定。我们可以把这种变换过程叫作"压缩考拉兹变换"。

这时可以观察到，一个奇数经过这种压缩考拉兹变换后大概是变成原来的 1.5 倍，偶数则变为一半。如果任何一整数在压缩过的考拉兹变换过程中，所经过的奇数和偶数数量都差不多各占一半的话，那么也就是有一半的机会增加为 1.5 倍，另一半机会变为原先数值的一半，所以总体上是变小的，这是一个有利于证明考拉兹猜想的论据。但请注意，这只是一个启发式论据，不是严格证明。

而且更重要的是，即使证明整数在变换过程中经历的奇偶数概率各占一半，也完全不能证明考拉兹猜想。因为这既不能否认有"4-2-1"以外的循环，也不能否认有某个数会发散。证明了一个基于概率的性质，你总不能否定有一两个特例会偏离这种概率性质吧？网上有的"证明"

就是用这种概率分布来说明问题的，我很想说这根本不起作用。可能有用的是证明一种"极限"性质，比如你证明任何一个数，经过足够多的压缩考拉兹变换后，经历的奇数和偶数的数量趋于相等，而且奇数不会比偶数多于一定值，这大概是有用的。但这个命题跟前面概率性质的命题难度相比，简直是天差地别。

回到陶哲轩的文章。其次，他也说，以上的启发式推测只是提示人们大多数自然数的运行轨道是缩小的，但是它不能排除有其他循环轨道或者很特殊的发散数。接下来他进一步考察了一下有其他循环轨道的可能。

他首先提出了一个"弱考拉兹猜想"的命题：假设某个正整数在经过考拉兹变换后，又能回到自身，产生循环，那么这个正整数只能是1，2，4三者之一。这个命题就是说只有"4-2-1"这一种循环。为什么叫它"弱考拉兹猜想"呢？因为证明它，并不能证明考拉兹猜想，因为还有一种产生发散的可能。但是证明考拉兹猜想，就等于证明了它，所以显得比较"弱"。这也是数学里常用的一种思考方法，当原命题太难的时候，我们适当放宽条件，得出一个弱一点的结论。如果能证明的话，那至少离目标近了点。

那现在有了这个弱命题有什么用呢？很有用。有两个研究者发现这个弱考拉兹猜想等价于另一个命题：

不存在某个自然数 $k \geq 1$，和以下数列：

$$0=a_0<a_1<a_2<\cdots<a_n,$$

使得 $2^{a_{k-1}}-3^k$ 是一个整数，且能整除：$3^{k-1}2^{a_1}+3^{k-2}2^{a_2}+\cdots+2^{a_k}$。也就是不存在正整数 k 和 n，使得以下等式成立：

$$(2^{a_{k-1}}-3^k)\,n=3^{k-1}2^{a_1}+3^{k-2}2^{a_2}+\cdots+2^{a_k}$$

这个等价命题看上去复杂，但数学家认为很好处理。原来考拉兹猜想的一大难点在于它是个迭代和动态的过程，甚至动态当中有"混沌"的意味，用现有工具不好处理。但是，现在这个等价命题则是一个关于 2 和 3 的幂次相乘和相加之后，有没有一种特定形式的因子的命题。这是一个相对静态的命题，而且也有一些数学工具可以处理。

当然，陶哲轩也说，他没能证明这个弱考拉兹猜想的等价命题，但是他对这个等价命题分析了一下。他认为如果这个等价命题不成立，也就是弱考拉兹猜想有其他循环的反例，那么这个循环的长度至少是 105000。我们已经对 5×10^{18} 以内的自然数都验证过考拉兹猜想了，所以要有反例的话，请你想象一下 105000 个 19 位以上的自然数的序列，构成一个考拉兹循环。如果这个循环存在的话，简直要颠覆我对数学美学的信念，但现在就是不能证明它不存在。

最后，陶哲轩又探讨了弱考拉兹猜想如果成立的话，能产生的一些推论。你可能要问，弱考拉兹猜想都没有证明，考虑它的推论干吗？这就是数学家具有的一个很厉害的思路：把从弱考拉兹猜想可以推出的结论与已知结论相比，看它们到底差多远。

如果它比已知结论要强很多的话，那就提示我们：证明弱考拉兹猜想所需的知识要比我们已有的知识难很多。比如，从考拉兹猜想可以推出费马大定理的话，那还好，毕竟人类已经证明了费马大定理。但如果从考拉兹猜想能推出黎曼假设，那就不太好了，因为证明它至少跟证明黎曼假设是一个难度了。

陶哲轩从弱考拉兹猜想中得出了两个推论，如下：

推论 1：如果"弱考拉兹猜想成立"，则对任何自然数 a 和 k，以及 $2^a > 3^k$，有 $2^a - 3^k \gg k$。

其中"≫"是"远大于"的意思。可以稍微验证一下，比如 $2^4 > 3^2$，则以上命题认为 $2^4 - 3^2 = 16 - 9 = 7 \gg 2$，似乎是挺有道理的。

推论 2：如果"弱考拉兹猜想成立"，则对任何自然数 a 和 k，以及 $2^a > 3^k$，有 $2^a - 3^k \gg (1+\epsilon)^k$，

其中 ϵ 是某个正数。这个推论是之前的加强版，$(1+\epsilon)^k$ 通常比 k 要大多了。

陶哲轩通过分析以上弱考拉兹猜想的推论得到：任何试图证明考拉兹猜想的途径，要么是用到"超越数理论"；要么是用一种全新的技巧，能够完美地对 2 的幂次和 3 的幂次进行隔离。这里的"超越数理论"指的是有关"超越数"的理论，这句话的具体意思我说不清，

超越数理论简介

但我知道我是肯定不会花时间去尝试解决考拉兹猜想的。任何网上出现那种用初等数学推导出来的证明，都必定是错误的。

现在讲讲这个猜想的扩展。首先考虑一下，如果把负数也引入进来会如何？因为负数也是可以分奇偶的嘛。人们发现引入负数之后，考拉兹运算又多了 3 种循环：

$-1 \to -2 \to -1$

$-5 \to -14 \to -7 \to -20 \to -10 \to -5$

$-17 \to -50 \to -25 \to -74 \to -37 \to -110 \to -55 \to -164 \to$

$-82 \to -41 \to -122 \to -61 \to -182 \to -91 \to -272 \to -136 \to$

$-68 \to -34 \to -17$

最后一种很诡异，因为长度达到了 18。当然，人们还是没有证明以上是否就是全部循环。

另一种扩展是被称为自然数范围内一般化的考拉兹猜想。原先的考拉兹猜想是分奇数和偶数两种情况。那可以很自然地推广下去：

对任意素数，根据余数分别定义一个线性变换。比如，取素数3，可以定义变换为：

除以3余1的，就乘3加1；除以3余2的，乘3加2；整除3的，再乘1/3。当然具体变换可以随意定义，只要是线性的。这样得到的变换称为一般化的"考拉兹猜想"。

这个问题的一个相关结论是1972年由约翰·康威（"三人分蛋糕"问题中提到过他）证明的。康威证明了一般化的考拉兹猜想是"不可决定的"，英文叫"undecidable"。"不可决定的"，简单来说就是：不可能有这样一个计算机程序，输入任何一个整数，这个程序可以在有限的时间里告诉你这个整数经过一般化的考拉兹变换是否能进入循环状态。康威的证明否定了这种程序的存在。

这个问题可以类比判定一个数是不是素数的问题。判定一个数是不是素数，就是"可以决定"的问题。尽管这个程序可能会运行很长时间，从几天到几年（比如判定梅森数是否为素数），但这个程序肯定能在有限时间内告诉我这个数是不是素数，但针对"一般化的考拉兹问题"就没有这样的程序。

这就提示我们，一般化的考拉兹猜想的收敛性是不可能有证明的，除非是证明发散。如果能证明收敛到一些循环，等价于可以有某个程序，总是可以停机的，这就跟康威的结论矛盾了。但幸而对特定取值的考拉兹运算，比如原版的考拉兹命题，陶哲轩认为，总体上的趋势是在变小的，所以看上去并不是不可决定的，所以他认为原版命题还是有证明的希望的，只是时机未到。

✒ |"完美立方体"存在吗? |

世界上有"完美立方体"吗? 这里的完美立方体不是正方体,而是一个有特别性质的立方体,它与"勾股定理"十分相关。学过"勾股定理"的人应该对这一组数字不陌生:5,12,13,看到它们你应该马上能说出它们的关系:

$$5^2+12^2=13^2$$

我们把符合以上勾股定理(又名"毕达哥拉斯定理")的三个自然数,称为"毕达哥拉斯三元组",而把三个数互质的那些数称为"本原毕达哥拉斯三元组",意思是它们是最基本的。你知道如何找出所有"本原毕达哥拉斯三元组"吗? 古希腊人就发现了如下公式。

设 $m>n$,m 和 n 均是正整数,取:

$$a=m^2-n^2$$
$$b=2mn$$
$$c=m^2+n^2$$

把所有可能的 m、n 组合带入上式,就能得到全部"本原毕达哥拉斯三元组"。有意思的是,有些自然数会重复出现在不同的三元组中,比如(20,21,29)与(20,99,101),由此才有了如下发现。

话说在 1719 年,一个叫保罗·哈尔克的会计发现了三个数字:44,

117，240。如果从这三个数中任取两个，求平方和，结果仍旧是一个完全平方数。

$$44^2+117^2=125^2$$
$$117^2+240^2=267^2$$
$$240^2+44^2=244^2$$

因此这三个数中的任何两个都可以作为整数直角三角形的直角边。如果你把这三个数作为一个长方体的三条边长，你会发现这个长方体不但所有边长是整数，所有面对角线的长度也是整数。

欧拉后来专门研究了一下，怎样的三个数才能形成这种关系。他还找到了至少 2 组"参数化公式"，其中一组如下：

$$a=2mn(3m^2-n^2)(3n^2-m^2)$$
$$b=8mn(m^2-n^2)(m^2+n^2)$$
$$c=(m^2-n^2)(m^2-4mn+n^2)(m^2+4mn+n^2)$$

比如，将 $m=2$ 和 $n=1$ 代入以上公式，即可得出（44，240，117）这组数。因为欧拉的研究，后来人们把这种数组称为"欧拉砖数"。与欧拉差不多同时代的桑德森发现一组形式更简单的、基于毕达哥拉斯三元组的参数化推导公式：

假设 (u, v, w) 是一组毕达哥拉斯三元组，则：

$$(|u(4v^2-w^2)|, |v(4u^2-w^2)|, 4uvw)$$

必为欧拉砖数。

但有趣却也十分意外的是，无论是欧拉还是桑德森的公式，都无法包含所有欧拉砖数，总有些欧拉砖数是漏网之鱼。更何况本原欧拉砖数（三个数互质）并不多，边长 1000 以内的只有 5 组，10000 以内也仅有 19 组，这提示我们欧拉砖数不简单！

以下是已知的"本原欧拉砖数"的性质：

- 必有一条边为奇数，两条边为偶数。

- 至少两边被 3 整除。

- 至少两边被 4 整除。

- 至少一边被 11 整除。

- 任一本原欧拉砖数 (a, b, c) 都可以产生一组延伸欧拉砖数 (ab, ac, bc)。

欧拉砖数已经够难找了，完美立方体在此基础上更进一步：有没有哪块欧拉砖的体对角线也是整数？即能否找到某组欧拉砖数，使得 $a^2+b^2+c^2$ 仍是完全平方数？虽然看上去只多了一个条件，但我们至今都没有找到完美立方体！我们知道的是，如果它存在，必须满足以下诸多性质：

- 一条边、两条面对角线和体对角线必为奇数。另一条边和余下的那条面对角线必须被 4 整除。最后的那条边必须被 16 整除。

- 两条边必须被 3 整除，且其中至少一边被 9 整除。

- 一条边必须被 5 整除。

- 一条边必须被 7 整除。

- 一条边必须被 11 整除。

- 一条边必须被 19 整除。

- 一条边或体对角线必须被 13 整除。

- 一条边或面对角线或体对角线必须被 17 整除。

- 一条边或面对角线或体对角线必须被 29 整除。

• 一条边或面对角线或体对角线必须被 37 整除。

• 体对角线不能是一个素数的幂次或两个素数相乘。

人们已经用计算机搜索最短边至少是 10^{10}，或奇数边至少是 2.5×10^{13}，在此范围内没有找到完美立方体。令人十分遗憾的是，有些结果是如此接近"完美"，比如下面这组数可以使体对角线和两条面对角线是整数，但可惜另一条不是：（672，153，104）。

人们也找到过所有对角线和两条边都是整数，但有一条边不是整数的情况，比如：$(18720, \sqrt{211773121}, 7800)$ 和 $(520, 576, \sqrt{618849})$。

还有一个打击来自 1972 年，斯波恩证明：从桑德森公式导出的欧拉砖中不可能有完美立方体。这等于断绝了从毕达哥拉斯三元组向完美立方体的进攻路线。也有证明称：欧拉的参数化公式最多只能产生有限多组完美立方体，但上限多少还未可知。

2009 年，有人发现了"完美平行六面体"（所有面都是平行四边形的六面体），其三条边最小的长度是 271、106、103，其二十四条面对角线和四条体对角线全是整数。

而根据统计，完美平行六面体居然比欧拉砖还多，而且还找到了有四个面是矩形，另两个面是平行四边形但不是矩形的完美平行六面体。总结以上情况就是："完美立方体问题"中有几个需要同时满足的条件：

完美平行六面体，几乎就是完美立方体。

1. 长、宽、高的边长全是整数。

2. 每条对角线的长度都是整数。

3. 同一顶点相交的三个面的形状都是矩形。

如果任取其中两个条件，都可以找到满足条件的实例，就是无法达到"完美"。

数学家的研究表明，完美立方体问题是数论中最艰深的问题之一。从提出到现在约 300 年，目前看起来被解决仍遥遥无期。人类用了 358 年才解决费马大定理，解决完美立方体问题是否需要更长时间呢？

思考题 大老李陪你一起"玩"

1. 利用欧拉或桑德森的公式，找出其他一些本原欧拉砖数。

2. 方程 $x^2+y^2=z^3$ 是否存在正整数解？若存在，是否存在参数解？当然，我们关心的是 x、y、z 互质的情况。

📝 | 数学家搞清楚了五边形地砖数量 |

你有没有思考过这样一个问题：什么形状的地砖可以铺满地板不留缝隙？你能马上想到正三角形、正方形和正六边形应该都可以。那如果不是正多边形的呢？这个问题一下子变得有趣起来，它牵涉到数学中的"密铺"问题，意思就是用某种形状铺满平面。下面讨论的问题，还要加入一个限制条件，即只考虑使用一种形状的地砖，也称"单密铺"。另外也有只考虑使用凸多边形地砖的问题，如果考虑使用凹多边形，那就非常复杂了。但好在密铺问题中，凸多边形是凹多边形问题的基础，所以我们只考虑凸多边形。另外我们在密铺时，还允许多边形的翻转，就是上下面翻过来铺，因为如果不允许翻过来的话，可以铺的形状就太少了。

我们马上可以脑补一下这个单密铺问题，按边数从少到多的凸多边形顺序思考。对任意形状的三角形，我们可以用两个这样的三角形拼成一个平行四边形，这个平行四边形当然可以互相拼合在一起不留缝隙。所以任意三角形是可以完成密铺的。

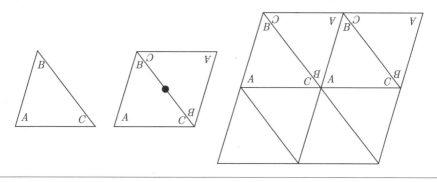

任意三角形是可以完成密铺的。

再看四边形，考虑到四边形的内角和正好是 360°，我们可以如下图所示把四个一样的四边形的不同的角拼在一起，长度相同的边也拼在一起，这样可以构成一个类似于平行四边形的形状，而且这个形状是可以扩展的，请自己剪四个一样的四边形试试看。所以任意四边形也是可以完成密铺的。

五边形的情况我们暂且跳过，先看六边形。1963 年，数学家证明了只有三种非正六边形的密铺形状，它们分别是由 2 个、3 个和 4 个六边形组合成一个"基础单元"，再扩展出去的。这里你也能看到这些基础单元都是凹多边形，所以说凸多边形密铺是凹多边形密铺的基础。

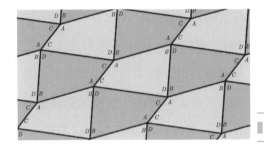

| 任意四边形是可以完成密铺的。

	1	2		3
	$p2$, 2222	pgg, 22×	$p2$, 2222	$p3$, 333
	$b=e$ $B+C+D=360°$	$b=e$, $d=f$ $B+C+E=360°$		$a=f$, $b=c$, $d=e$ $B=D=F=120°$
	2-tile lattice	4-tile lattice		3-tile lattice

| 三种可以密铺的不规则凸六边形，底部一排为最终拼合的"基础单元"。

在六边形之后，数学家证明了当边数大于等于 7 时，就再也没有可以密铺的凸多边形了。现在就要回过头来看五边形，你大概也猜到了，五边形的情况最难，直到 2017 年 9 月才被彻底解决。

对于五边形密铺问题，要追溯到 1918 年，德国数学家莱因哈特的时代。在他的博士学位论文里，莱因哈特找到了 5 种不同形态的五边形密铺模式。这 5 种模式是属于比较"容易"发现的。这里的"容易"是需要打上引号的，莱因哈特在他的博士学位论文里，发现了 5 种相对简单的五边形密铺模式，但是人们不知道这是不是所有的可以密铺的五边形，后来才知道还有许多。

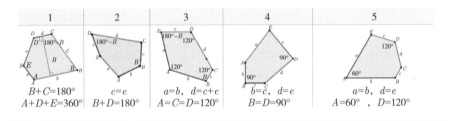

上图：莱因哈特发现的 5 种五边形密铺模式。

到了 50 年后的 1968 年，约翰霍普金斯大学的理查德·柯世奈又发现了 3 种五边形密铺模式。这三种形状就奇怪多了，确实很难想到。然后他又在论文里声称不可能有其他更多的五边形可以密铺了，但是他在论文里也提到他的证明"在理想情况下是对的……真正的证明需要一大本书"。后来我们也知道，确实是"不够理想"，他的预言是不成立的，因为还有很多种可以密铺的五边形。

1975 年，美国著名科普作家马丁·加德纳在他设在《科学美国人》杂志上的专栏里科普了这个五边形密铺问题，使得该问题一下名声大噪。

Type 6	Type 6 （Also type 5）	Type 7	Type 8
p2（2222）		pgg（22×） *p2*（2222）	pgg（22×） *p2*（2222）
 $a=d=e$, $b=c$ $B+D=180°$, $2B=E$	 $a=d=e$, $b=c$ $B=60°$, $A=C=D=E=120°$	 $b=c=d=e$ $B+2E=2C+D=360°$	 $b=c=d=e$ $2B+C=D+2E=360°$
 4-tile primitive unit	 4-tile primitive unit	 8-tile primitive unit	 8-tile primitive unit

柯世奈发现的 3 种五边形密铺模式，前两列视为同一种。

此时，一个 50 岁，名叫马乔里·赖斯的家庭主妇了解到这个问题，就开始利用闲暇时间研究这个问题。对，她确实是一个家庭主妇，并且只有高中的数学水平，但她时间多，有的是时间可以涂涂画画，而且她自己发明了一套符号系统来表示边和角的关系。到了 1977 年，她已发现了多达 4 种新的五边形密铺模式！她还发现了其他总共 60 多种不同的其他多边形和非单密铺的模式。这是一个近代数学史上非常罕见的业余爱好者做出重大贡献的例子。所以，如果你有信心，你大可找些问题自己做数学研究，但是一定要找对问题。

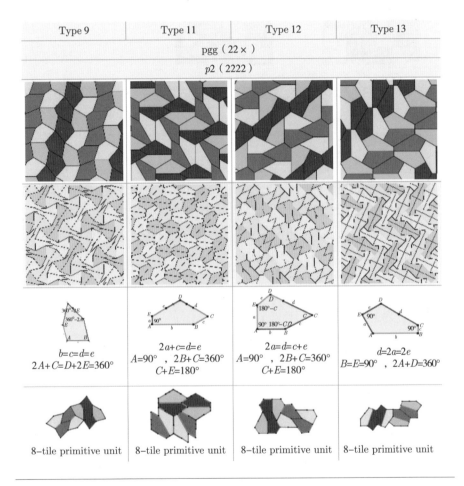

Type 9	Type 11	Type 12	Type 13
pgg（22×）			
p2（2222）			

$b=c=d=e$
$2A+C=D+2E=360°$

$2a+c=d=e$
$A=90°$，$2B+C=360°$
$C+E=180°$

$2a=d=c+e$
$A=90°$，$2B+C=360°$
$C+E=180°$

$d=2a=2e$
$B=E=90°$，$2A+D=360°$

8–tile primitive unit　8–tile primitive unit　8–tile primitive unit　8–tile primitive unit

马乔里·赖斯发现的 4 种五边形密铺模式。

也是在 1975 年前后，一个计算机程序员理查德·詹姆斯也独立发现了一种密铺五边形，使得五边形密铺模式达到了 13 种。

Type 10

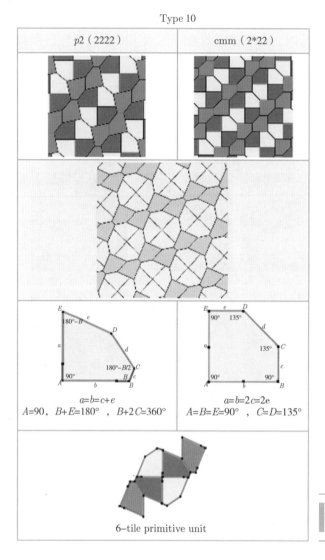

a=b=c+e
A=90, B+E=180°, B+2C=360°

a=b=2c=2e
A=B=E=90°, C=D=135°

6-tile primitive unit

理查德·詹姆斯发现的
五边形密铺模式。

1984 年，罗尔夫·斯坦因又发现了 1 种，五边形密铺模式达到 14 种。此时，已经有人预感可以用一种方法来枚举所有的可能性，找出所有可以密铺的五边形。基本思路是先画出一个大致的框架结构，然后将其划分出若干个全等的五边形，再根据边角关系，排方程求解。但是当时的问题就在于各种可能性太多了，即使有了计算机相助，这个枚举工作还是无法完成。

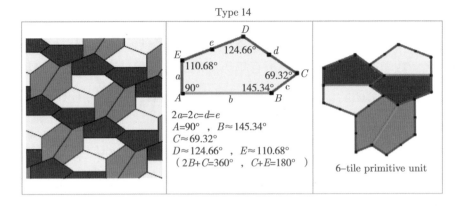

罗尔夫·斯坦因发现的五边形密铺模式。

此后，又过了 31 年，到 2015 年，华盛顿大学的副教授曼恩和他的两个助手借助计算机，发现了第 15 种五边形密铺模式。这个第 15 种密铺模式看上去就有点令人眼花缭乱了，因为他用到了多达 12 个同样五边形才组成一个基础单元。没有计算机，你是根本没法想到这种东西的。但是当时仍旧不知道有没有更多的五边形密铺模式了。

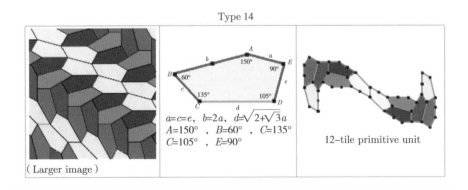

曼恩发现的第 15 种五边形密铺模式。

此时，在法国国立科学研究机构 CNRS 工作的数学家迈克尔·劳听到了这个消息，他决定着手编一个程序，来彻底搜索并解决五边形的密铺问题。直到 2017 年 7 月，在其发表的一篇论文中，宣布"15"是最终数字，数学家终于解决了有近百年历史的五边形地砖密铺问题！当时，还有另外两个团队，其中包括曼恩在内的团队也在研究这个问题，他们之间在时间上的竞争也是相当激烈。

劳的论文中，首先证明了只有 371 种可能需要枚举的情形，称为优选集。然后用计算机枚举出这 371 种情况，这些可能的情形中，有些导出了最终合理的图形，另外的都是无解。排除重复的解，最终确认了 15 种五边形密铺模式。

当然五边形密铺问题解决了，意味着所有多边形的单密铺问题都解决了，但数学家不会停下来，他们又开始考虑下一个密铺问题——爱因斯坦问题（Einstein problem）。别惊讶，这个问题跟物理学家爱因斯坦没什么关系，它其实是取自德语"一块石头"的意思。这个问题就是所谓的"非周期性密铺"问题。前面我们聊的都是周期性密铺问题，即能找出一个"基础单元"，整个密铺就是用这个基础单元来重复构建的，而非周期性密铺找不到这种基础单元，也就是找不到周期。

目前所有找到的非周期密铺，至少都用到了两种形状，比如著名的彭罗斯镶嵌。

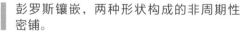

彭罗斯镶嵌，两种形状构成的非周期性密铺。

现在的问题就是有没有可能只用一种形状来完成非周期性镶嵌，目前最接近这一目标的是乔舒亚·束科拉和乔恩·泰勒在 2010 年发现的"泰勒砖块"。

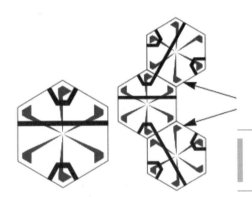

单个"泰勒砖块"和其组合规则。黑线必须相连，黑线两边的紫色小旗必须朝同一方向。

"泰勒砖块"的完整密铺方案。

但这种形状是利用砖块上的图案和特定的拼接规则来完成非周期性密铺的，还不是人们心目中的"一块石头"。数学家追求的形状应该是没有任何图案和拼接规则的。根据前面的内容，我们知道凸多边形是只能周期性镶嵌的，所以就必须得考虑凹多边形了。但一旦考虑凹多边形，问题就会难很多。

　　劳自己也评论过：如果别人给你任何一个形状，让你用程序来判断这个形状能否实现密铺，目前看来这种算法根本找不到。甚至有人怀疑这如同之前提到的考拉兹猜想一样，是个"不可决定的"问题。不过"爱因斯坦问题"确实很让人神往，我估计有些程序员可能都跃跃欲试了。既然历史上家庭主妇都能有发现，谁能保证下一次的发现不能来自民间呢？

　　思考题　大老李陪你一起"玩"

　　　1. 任意的凹四边形能否构成单密铺？
　　　2. 请证明一下凸七边形不可能构成单密铺。

✎ | 涂色涂出来的一个超大数——葛立恒数 |

　　记得小时候，很多数学科普书都会提到一些在数学历史中出现过的巨大的数字，我也来凑个热闹。但要跳过某些书上反复提及的数字，比如古戈尔数、围棋的变化数、最大的梅森素数或思古斯数等，直接来看一个非常非常大的数——葛立恒数。葛立恒数跟前面这些数字相比，你都不能用大多少倍来形容，而是那些数都属于可以忽略不计的级别。

　　那我们就先看看什么是葛立恒数。这个数字是以第一次定义它的数学家的名字命名的，其实这位数学家本名叫罗纳德·格雷厄姆，目前还健在。因为他给自己起过一个中文名字叫葛立恒，所以大家就称这个数为葛立恒数。据说葛立恒本人还能说一点中文，这大概与他的太太是一位台湾出生的美籍数学家有关。而且夫妻两人与埃尔德什是好朋友，且两人的"厄多斯数"都是1，据说这是目前仅有的都健在的，且"厄多斯数"都是1的夫妻了。

葛立恒数最早是葛立恒在20世纪70年代发表的一篇论文里提出的，主题是有关埃尔德什提出的一个问题，与拉姆齐理论有关。拉姆齐理论里的问题定义都是比较简单的，很像排列组合问题，包括葛立恒数的定义。但若需要形象解释的话，需要用几何知识来辅助，让我们先从一个简单的例子开始。

请大家想象一个正方体，它有8个顶点，连接所有顶点，也就是除了棱之外，把所有的面对角线和体对角线都画出来，这样可以得到一张有28条线段的图。因为所有顶点之间都有连线，所以这个图叫8个顶点的"完全图"。

请你给这28条线段涂上颜色，你可以涂上红色或蓝色。在涂好颜色后，观察所有位于同一平面上四个点构成的子图。正方体中，位于同一个平面的四个点的组合还是很多的，除了6个面，还有比如顶面和底面相对的棱，也是位于同一平面上，这种面有6个。这样总共有12个面，每个面恰好有4个顶点。

请观察这12个面，每个面有4个顶点6条边。你的目标就是避免在这12个面中，出现某个面的6条边都是同一颜色的情况。那么对于立方体，有没有一种可能的着色方案，能满足上述目标呢？答案是有的。

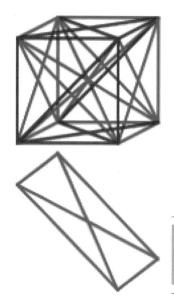

> 左图中有一个对角面（左下图所示）的
> 6 条边都是红色。如果将这个对角面底
> 部的边改为蓝色，就是一种符合要求的
> 对立方体的着色方案。

　　而葛立恒研究的问题就是，如果能找出符合要求的立方体着色方案，那四维、五维的立方体有没有满足条件的着色方案呢？虽然四维及以上的立方体我们画不出来，但是在数学里，是完全可以定义它们的。葛立恒问：到底最少要多少维，使我们在对某个 n 维的立方体着色时，不管采取何种着色方案，都会导致至少一个由 4 个点构成的面是单色的。这个问题被称为"葛立恒问题"。

一种四维立方体的示意图。

一个关键点是，葛立恒在他写于 20 世纪 70 年代的一篇论文里证明了葛立恒问题的答案肯定是有限的。他同时给出了这个有限维度值的上限，那就是葛立恒数。但人们发现，葛立恒数其实是大得出奇。

有很多文章都介绍了葛立恒数有多大，其实要我说，归根结底就一句话：如果你觉得你能想象葛立恒数有多大，那你一定是把它想小了。我也不具体把它跟其他什么数比较了，但我们可以学习一下人们为了表示葛立恒数所采取的方法，足够你体会它的大小。

首先，对于葛立恒数，用科学计数法是肯定不够用的。那你说改用指数的指数来表示行不行，比如 3^{3^3} 等？这样可以表示的数字大小增长非常快，为了书写方便，有人还为此专门发明了一种表示方法，叫"高德纳箭号表示法"。这个方法就是用向上的箭头来表示指数的层次数量。比如

科学家高德纳

3^3，就表示成：

$$3 \uparrow 3$$

3^{3^3}，则表示为：

$$3 \uparrow\uparrow 3$$

中间向上的箭头越多，就表示指数的层数越多。标准定义为：

$$a \uparrow\uparrow b = \underbrace{a \uparrow a \uparrow \cdots \uparrow a}_{b} = \underbrace{a^{a^{\cdot^{\cdot^{a}}}}}_{b} = {}^{b}a$$

对于更多箭头时：

$$3\uparrow\uparrow\uparrow 3=3\uparrow\uparrow 3\uparrow\uparrow 3={}^{3}{}^{3}3=^{7625597484987}3=\underbrace{3^{3^{\cdot^{\cdot^{\cdot 3}}}}}_{7625597484987}$$

用这种方法，表示很大的数字会容易许多。但如果用高德纳箭号表示法表示葛立恒数，一共需要多少个箭号？我要说抱歉，箭号的数量太多了，无法用科学计数法来表示，甚至用高德纳箭号表示法来表示箭号的数量都不够！

那我们只能考虑继续增加箭号的层数，使第二重箭号的数量，用第三重高德纳箭号表示法来表示，第三重需要第四重帮忙；等等。以此类推，要等到第 64 重，我们才能用 4 个箭号的高德纳箭号表示法表示第 63 重的箭号数量！请你体会一下如下最终的葛立恒数的表示，如果你看懂了，你就会知道用语言来描述这个数字的大小实在是太徒劳了。

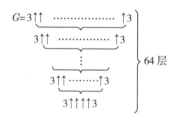

我们知道了葛立恒问题的上限就是这个巨大的葛立恒数，那下限是多少呢？你可能认为也是一个非常大的数字，但其实只是 13。也就是 12 维以下，我们都证明过有符合条件的着色方案了。再之上，就不清楚了。你可能会问为什么不用计算机搜索呢，但你想一下，对 12 维的立方体，它的点数就有 2^{12} 个点，每个点之间都要连线，每条连线再有 2 种着色可能，搜索范围是随着维数成指数上升的，所以计算机搜索很快就失效了。

当然葛立恒问题的上限从 20 世纪 70 年代到现在也缩小了不小，但还是一个需要用若干重高德纳箭号表示法来表示的数。所以葛立恒问题的答案就是在 13 到如此大的一个数之间的茫茫"数海"之内。虽然葛立恒本人表示，看上去这个问题的答案就是 13，但实际证明起来太困难了。葛立恒问题也是拉姆齐理论问题的一种，它与很多拉姆齐理论的问题类似，我们知道答案的上限和下限，但就是无法确定准确数值。所以你不要小看拉姆齐理论，看上去就是一些排列组合问题，但是人类对这种问题居然如此无能为力。

最后，我感到葛立恒数好玩的一个地方就是它虽然大，但确确实实是有完整的计算方法，我们甚至已经把它的最后 500 位算出来了，虽然我们根本不知道它总共有多少位数字。以下就是它的最后 500 位：

02425 95069 50647 38395 65747 91365 19351 79833 45353

62521 43003 54012 60267 71622 67216 04198 10652 26316 93551

88780 38814 48314 06525 26168 78509 55526 46051 07117 20009

97092 91249 54437 88874 96062 88291 17250 63001 30362 29349

16080 25459 46149 45788 71427 83235 08292 42102 09182 58967

53560 43086 99380 16892 49889 26809 95101 69055 91995 11950

27887 17830 83701 83402 36474 54888 22221 61573 22801 01329

74509 27344 59450 43433 00901 09692 80253 52751 83328 98844

61508 94042 48265 01819 38515 62535 79639 96189 93967 90549

66380 03222 34872 39670 18485 18643 90591 04575 62726 24641

95387

思考题　大老李陪你一起"玩"

算算看 $3\uparrow\uparrow\uparrow\uparrow 3$ 有多大？

✒ | 画树画出一个大数——TREE(3) 漫谈 |

前面我们讲了一个大到难以置信的数——葛立恒数。在很长一段时间里，葛立恒数是数学论文中出现过的最大的且有意义的数，但是现在这一宝座已让位于本节要介绍的数字——TREE(3)。这里 TREE 就是英文里"树木"的意思，因为这个数与"树"很有关系。TREE(3) 是一个函数，函数名称叫"TREE"，而函数自变量取值是 3。

如果把 TREE(3) 跟葛立恒数相比的话，那葛立恒数是属于可以忽略不计的！更为神奇的是，TREE(3) 的定义比葛立恒数更简单，简单来说，它就是一个画"树"的游戏。这里，"树"的概念，对计算机专业的读者来说再熟悉不过了，什么"二叉树""查找树"，考试前你必定对这些熟悉得不得了。如果你不是计算机专业的，也不要紧，你应该也看到过公司的组织架构图或是某个人的家谱等，它们也是用类似一棵树的结构展示的。

总之，这里的"树"只是点（叶子）和点之间的连线（树枝）构成的图，要点是每两个点之间有且仅有一条连线。符合以上要求的图，必然可以转化成一个"树"结构。

我们赋予每个"点"一个"层"的属性，表明它在树中的级别。并且规定树必须从一个层数最低的"根"节点开始"生长"。而 TREE(3) 这个数就可以用一种画"树"的游戏来导出。画的时候，我们会给每个叶子的节点画上某种颜色。而对树枝，我们不关心它的颜色。TREE(n)，意

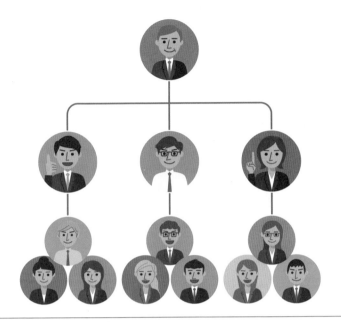

组织结构图就是"树"结构的典型例子。

家谱是"树"结构的另一个例子。

思就是用 n 种颜色来画这棵树。

每个游戏都有一定的规则和目标，"画树"游戏也不例外。这个游戏的目标是用给定的颜色数量，画出尽可能多的树。用 n 种颜色，最终可以画出的树的数量，就是 $\mathrm{TREE}(n)$ 的函数值。画树只有以下两条规则。

第一条规则是：你画的第一棵树只能有 1 个节点；第二棵树不能超过 2 个节点，第三棵树不能超过 3 个节点。以此类推，第 n 棵树，不能超过 n 个节点。也就是，越到后面，你树中的节点可以越画越多，但不能多过你画的树的序号。

第二条规则是：你后面画的树，不能"包含"前面的树。这里"包含"的概念是这样的，比如你后面的树去掉若干叶子后就是之前的树，用术语说，就是前面这棵树是当前这棵树的"子树"，这是犯规的，你不能这样画。

但我们这里"包含"的意思要比"子树"的定义宽泛点，我们还不允许以下情况发生，就是在当前的树中取若干叶子，这若干叶子点可以跟之前的某棵树的所有节点建立一一对应关系。如果两棵树中，任意对应两个节点的"最近共同祖先"是同一颜色，也是不允许的。所谓"最近共同祖先"的概念也是很好理解的，就是两个叶子同时向根节点回溯，那它们迟早会在某个节点汇合（最迟也会是在根节点），那这个结点就叫这两个叶子节点的"最近共同祖先"。如果你把树看作一个家谱的话，那这个"最近共同祖先"名称完美诠释了这个节点的性质。现在的要求就是，如果两棵树之间，如果对应节点的最近共同祖先是同一颜色，那也不允许。

这种"包含"在数学上有个术语叫 inf-embeddable。embeddable 是"可

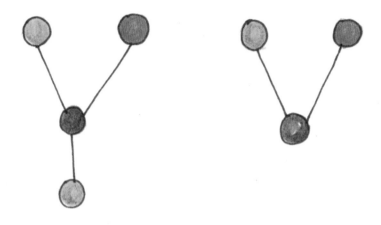

子树的例子：左边的树去掉底部的绿点后，与右边的树一模一样，因此右边的树是左边的树的"子树"。

嵌入"的意思，这个词对于研究"嵌入式系统"的人来说是再熟悉不过的了。inf是什么意思呢？它是"下确界"，或者"最大下界"的拉丁文缩写。为什么用这个词？因为如果你把一棵树某个枝条上的节点所处层级当作一个大小排序且根节点最小的话，那么两个节点的"最近共同祖先"其实就是：最大的且比这两个节点都小的节点，所以叫下确界，

最大下界和下确界的介绍

inf。这就是 inf-embeddable 的意思。

以上就是画树游戏的全部规则。现在你的目标就是用特定数量的颜色来玩这个画树游戏，要尽可能画得多。TREE(n) 的值，就是用 n 种颜色，能画出的最多的树的数量。我们先从 TREE(1) 这个游戏开始，即只用一种颜色玩玩看。第一棵树显然你只能画出一棵只含有根节点的树。

> TREE（1）游戏过程，无论第二棵树
> 怎么画，都必然"包含"第一棵树，因
> 此 TREE（1）=1。

之后你会发现没办法再画第二棵树了，因为第二棵树的根节点只能
是同样颜色，所以第一棵树必然是它的子树，这是不可以的。所以游戏
结束，你只能画出一棵树，所以：

$$TREE(1)=1$$

接下来我们玩 TREE(2) 的游戏，用两种颜色，绿色和红色。第一棵
树，比如还是用绿色画一个根节点。第二棵树，你可以用红色画一个根
结点，那么你会发现第三棵树就没法画了。因为第三棵树无论怎么画，
只要画出根节点，则必然包含第一棵或第二棵树。

但因为规则只限制后面的树不能包含前面的树，没有规定前面的树
不能包含后面的树，因此我们还有一个更好的做法。那就是第二棵树画
成红色的根节点接一个红色的叶子。这样，我们第三棵树就可以画成只
有一个红色根结点的树，只有一个根。虽然第二棵树包含了第三棵树，
但是第三棵树没有包含之前的树，这是允许的。之后，你会发现无法再
画出第四棵树了。所以：

$$TREE(2)=3$$

TREE（2）游戏过程，画完这三棵树后，再也画不出第四棵树了，因此TREE（2）=3。

　　TREE（1）、TREE（2）的游戏我们都玩过了，现在到见证奇迹的时刻了，让我们来玩TREE（3）。我们再加入一个颜色——黑色。用红、绿、黑三色来玩这个画树的游戏。你会发现，似乎这次你可以发挥的余地大多了，你可以画非常多的树。

　　但我劝你不要再继续了，因为你无法画到它结束的时刻。这个TREE（3）的值实在太大了，大到惊天地泣鬼神，比葛立恒数还大。当然，你可能会质疑，怎么证明TREE（3）是一个有限值，而不是无穷大的，使

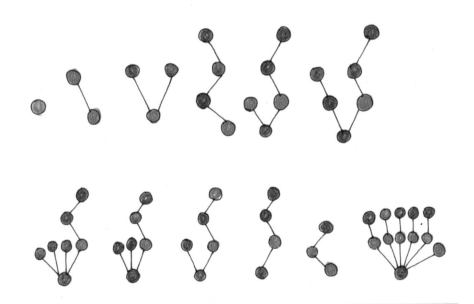

TREE（3）游戏开始时的可能步骤，感觉上TREE（3）游戏是玩不到尽头的。

我可以无止境地玩下去呢？

这里要用到一个定理，叫"克鲁斯科尔树定理"。克鲁斯科尔这个名字，学习计算机专业的人肯定是太熟悉了，"克鲁斯科尔算法"是考试必考项目。克鲁斯科尔算是计算机系学生膜拜的大神了，他已于2010 年去世，这里我们也顺带缅怀一下。我们今天不考最小生成树算法，而是克鲁斯科尔发现的有关树结构的定理。这个定理有一个粗糙但简单的说法就是：如果有无穷多棵树，那其中必然有一棵树是另一棵的inf-embeddable，那么 TREE (3) 是一个有限的数其实就这个定理的直接推论了。

你可能关心 TREE (3) 这个有限的数到底有多大？不管你信不信，这是介绍 TREE (3) 的最难点了。上一节葛立恒数用高德纳箭号表示法，大致还能说明葛立恒数有多大，但是在 TREE (3) 面前，高德纳箭号表示法已经完全不管用了。但我们还是可以参考下，葛立恒数可以用 64 重箭号表示法来表示，TREE (3) 如果要用多重箭号表示法表示，需要的层数将远远大于葛立恒数！

$$
\begin{array}{l}
\text{TREE}(3) = 3\uparrow\uparrow \cdots\cdots\cdots\cdots \uparrow 3 \\
\qquad \underbrace{3\uparrow\uparrow \cdots\cdots\cdots \uparrow 3} \\
\qquad\qquad \underbrace{\vdots} \\
\qquad\qquad \underbrace{3\uparrow\uparrow\cdots\cdots\uparrow 3} \\
\qquad\qquad\qquad 3\uparrow\uparrow\uparrow\uparrow 3
\end{array}
\Bigg\}\ \text{远远大于葛立恒数的层数}
$$

这大概是我最好的形容了，再往下我都不知道怎么说了，因为无论再怎么用语言或符号表达，都是徒劳了。当然，如果你有兴趣还是可以上网搜搜有关 TREE (3) 的符号表示，为了表示它的"大"，得用各种专门的运算符号才行，虽然这些符号对普通人来说已经没什么感觉了。

关于 TREE(3) 还有更好玩的一点：根据克鲁斯科尔树定理，TREE(4)、TREE(5)、TREE(100) 都是有限的，那 TREE(TREE(3)) 呢？就是用 TREE(3) 个颜色玩这个画树游戏，它还是有限的。如果重复 TREE(TREE(3)) 这种嵌套，达到 TREE(3) 重呢？对这个数我表示我的大脑系统崩溃了。

有关 TREE(3) 话题就聊到这了，我很喜欢 TREE(3) 这个数，因为定义它是如此简单。而且从平淡无奇的 TREE(1)、TREE(2)，到如同宇宙大爆炸式转变的 TREE(3)，实在是太让人吃惊了。另外各位以后写情书也可以考虑写"我爱你 TREE(3) 年"等。

思考题 大老李陪你一起"玩"

体会一下"克鲁斯科尔树定理"，为什么当树足够多之后，总有两棵树会发生下确界意义下的"可嵌入"（inf-embeddable）？

✎ | 神秘的 0.577——欧拉-马歇罗尼常数 |

说到数学中的常数，你的第一感觉肯定是 e 或 π。我们马上要讲的欧拉-马歇罗尼常数虽不如它们这么著名，但是它很有趣，而且略带神秘感。让我们先从一个有意思的"应用题"开始了解这个常数。

有一只蚂蚁，停留在一根橡皮环上的某一点，橡皮环初始周长为 1 米，然后蚂蚁开始爬，它的爬行速度是 1 厘米／秒。但橡皮环每 1 秒后，又会均匀拉伸 1 米。也就是 1 秒后，橡皮环变成 2 米长，再一秒后，变成 3 米长。问这只蚂蚁能否爬完一圈，回到它的起点位置？

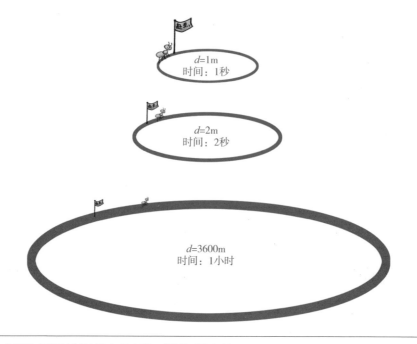

蚂蚁在不断拉长的橡皮环上爬，能爬回起点吗?

你的第一感觉肯定是这怎么能爬得完？但答案是能！不信来算一下。

第一秒，橡皮环长 1 米，蚂蚁前进了 1 厘米，那么蚂蚁前进了总长的 1/100；第二秒，橡皮环长 2 米，蚂蚁又前进了 1 厘米，因为绳子是均匀拉伸的，那么蚂蚁前进了总长的 1/200。那第三秒，蚂蚁又能前进 1/300。以此类推，第 n 秒后，蚂蚁爬完的绳长比例就是：

$$\frac{1}{100} + \frac{1}{200} + \frac{1}{300} + \cdots + \frac{1}{n \cdot 100}$$

现在问题就变为当 n 不断增加时，上面这个数列之和，有没有可能累加到 1，也就是 100%？

对于这个数列，我们把 1/100 这个公分母提取出来，变成：

$$\frac{1}{100} \times \left(1 + \frac{1}{2} + \frac{1}{3} + \frac{1}{4} + \cdots + \frac{1}{n}\right)$$

这时，我们发现括号里的级数就是所有自然数的倒数之和，数学上称为"调和级数"。有些人可能已经知道调和级数是发散的，也就是在项数足够多之后，这个级数的前 n 项和是任意大的。所以，对于这个蚂蚁爬绳环的问题，当调和级数累加到 100 时，蚂蚁能够爬完并回到橡皮环的起点。

第一次看到这个问题的结论时，我是相当震惊的，因为它实在是太违反直觉了。理解问题的关键就在于每次橡皮环拉长时，蚂蚁身后的距离也在拉长，所以蚂蚁总体上完成的比例还是在增加的，只不过异常缓慢。

而如果你对"所有自然数的倒数是发散的"这一事实有所怀疑，不妨看一下如下这个简短而漂亮的证明。

$$
\begin{aligned}
1 + \frac{1}{2} + \frac{1}{3} + \frac{1}{4} + \cdots &= 1 + \left(\frac{1}{2}\right) + \left(\frac{1}{3} + \frac{1}{4}\right) + \left(\frac{1}{5} + \frac{1}{6} + \frac{1}{7} + \frac{1}{8}\right) + \\
&\quad \left(\frac{1}{9} + \cdots + \frac{1}{16}\right) + \cdots \\
&> 1 + \left(\frac{1}{2}\right) + \left(\frac{1}{4} + \frac{1}{4}\right) + \left(\frac{1}{8} + \frac{1}{8} + \frac{1}{8} + \frac{1}{8}\right) + \left(\frac{1}{16} + \cdots + \frac{1}{16}\right) + \cdots \\
&= 1 + \frac{1}{2} + \frac{1}{2} + \frac{1}{2} + \cdots
\end{aligned}
$$

据说这个证明最早是 14 世纪晚期的一位哲学家奥里思姆发现的。这个证明所使用的"缩放法"，或学名"比较审敛法"，是把调和级数的某些项换成比它更小的数字，得到另一个数列，结果变换后的数列仍然发散。这一点提示了调和级数不但发散，而且发散得够"彻底"，哪怕再缩小点，仍然发散。这一点我们之后还会看到一个例子。

现在你可能关心调和级数的前 n 项和到底是什么，能否快速计算出来？答案是：它的前 n 项和大约是 $\ln n$，即 n 的自然对数。其实这一点学过微积分的读者会比较容易理解，因为 $\ln n$ 的导函数是 $1/n$。调和级数的求和，很像求 $y=1/x$ 的函数曲线与 x 轴（从 $x=1$ 开始到 $x=n$）之间的面积。这个面积自然就是 $\ln n-\ln 1=\ln n$。由此我们可以推算出蚂蚁要爬完那根橡皮绳的所需时间，也就是要让调和级数部分和大于 100 的时候，需要有 $\ln n \geqslant 100$，结果是需要约 e^{100} 秒，约等于 10^{36} 年，这个时间已经远远大于宇宙存在的时间了（一般认为宇宙的历史也就在 10^{11} 年这个数量级）。所以，你的直觉认为蚂蚁爬不完是完全可以理解的，因为所需时间已经长到人类难以理解的地步。

既然调和级数前 n 项和是趋向于 $\ln n$，那它是不是最终就等于 $\ln n$ 呢？或者使用"任意小"和"充分大"这两个术语（本书后面的章节会详细介绍这两个术语），当 n 充分大之后，调和级数的前 n 项和与 $\ln n$ 之间的差可以是任意小呢？答案是否定的，但它们之间会存在一个有限的差值，这个差值就是本节标题中的"欧拉-马歇罗尼常数"。

为什么说这个常数有点神秘呢？因为如果这个差值可以用已知的常数，比如 π 或 e，表示出来，那就不神秘了。但它确确实实是一个独立的新常数值。而且这个常数的定义又是如此简单，如果用坐标图来看，它就是 $y=1/x$ 的曲线与自然数"直方图"相交之间的区域面积之和。

这个常数最早是欧拉发现的，他算到了小数点之后 16 位。1790 年，意大利人马歇罗尼把它算到了小数点后 32 位，但可惜后来发现其中三位算错了。这个常数的样子是：

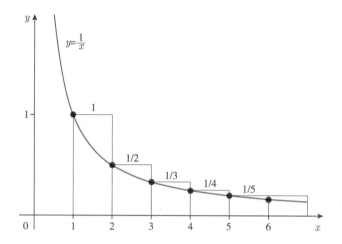

曲线 $y=1/x$ 切割黄色柱状图的较小部分面积之和就是"欧拉–马歇罗尼常数"。

$$\gamma=0.5772156649015328606065120900824024310421\cdots$$

现在我们用计算机把这个常数算到小数点后 100 亿位以上，至今没有发现循环的迹象。你可能很确信它是一个无理数，数学家也普遍认为它是一个超越数，但是至今还没有人能证明它是无理数。这又给它添了一些神秘感。

为了方便大家能更好地理解这个常数，我们还用前面那个蚂蚁爬行的比喻。你可以想象一下，如果我们的橡皮环不是在每一秒的结束时刻突然增加 1m，而是按每秒 1m 的速度匀速拉长，那么蚂蚁爬行的时间就会少一点，因为橡皮环在时刻拉长时，它身后拉长的橡皮绳比例也更多些。那么在这种情况下，按照我们原版故事的数值设定，蚂蚁在足够长的时间之后，它爬过的距离，会比原版故事里的蚂蚁多约 0.577%。虽然比例很小，但是绝对时间差值会非常巨大。这个常数还有一些有意思的性质，比如与阶乘的拓展——伽马函数的关系，各位有兴趣的可以自行研究。

最后说一个调和级数的扩展话题。前面说过调和级数发散得很彻底，从级数里抽掉很多项还是发散的。一个令人吃惊的例子是，欧拉还证明过所有素数的倒数和也是发散的，有如下"公式"：

$$\frac{1}{2}+\frac{1}{3}+\frac{1}{5}+\frac{1}{7}+\frac{1}{11}+\cdots+\frac{1}{p}\approx\ln\ln(\mathrm{P})$$

在本书后面的章节里我会提到，素数在自然数里的比例是很少的，"几乎所有的自然数都是合数"。但是在调和级数里，当把占绝大多数的合数的倒数项全部丢掉后，居然还是发散的！还用蚂蚁爬行的故事说明的话，就是说橡皮绳的拉伸不是每秒拉长 1 米，而是每秒钟后，绳子的长度按素数序列增长，2m，3m，5m，7m，11m…这样增长下去，结果蚂蚁还是能爬回起点！不过此时蚂蚁需要花的时间大约是 $e^{e^{100}}$ 秒，我们还是放过那只可怜的蚂蚁吧。另外，类似地，素数倒数和与 $\ln\ln N$ 之间的差可以引出另一个常数：梅塞尔-梅尔滕斯常数。

到这里你也许在想自然数的平方倒数和、立方倒数和的情况，这些级数都是收敛的，比如自然数平方的倒数和就是著名的"巴赛尔问题"。

$$\sum_{n=1}^{\infty}\frac{1}{n^2}=\frac{1}{1^2}+\frac{1}{2^2}+\frac{1}{3^2}+\frac{1}{4^2}+\cdots=\frac{\pi^2}{6}\approx1.644934$$

因为自然数的平方倒数和是收敛的，而素数倒数和是发散的，我们可以据此判断，素数要比完全平方数"多"很多，于是有人猜想：每两个完全平方数之间至少有一个素数，但是此猜想仍未被证明！

欧拉-马歇罗尼常数就"玩"到这里，如同数学中很多优美的常数一样，它概念简单，但含义深刻，希望你也能喜欢这个常数。

思考题 大老李陪你一起"玩"

1. 如下级数被称为"交错调和级数"。

$$\sum_{n=1}^{\infty} \frac{(-1)^{n+1}}{n} = 1 - \frac{1}{2} + \frac{1}{3} - \frac{1}{4} + \frac{1}{5} + \cdots$$

它是否收敛，若收敛，它的和是多少？

2. 既然素数的倒数和是发散的，素数倒数序列去掉多少素数之后可以变收敛？去掉所有奇数项？只留下个位数是 1 的素数项会如何？

✒ | "任意大"与"充分大"谁大？ |

数学命题中我们会经常听到两个名词——"任意大"与"充分大"，但你理解这两个名词吗？

先说一个含有"任意大"的命题的例子，比如"有任意大的素数"。这句话的意思是无论给出一个多大的整数，总会有一个比它更大的素数，因为素数有无限多个。类似还有"任意小"，比如正数可以是任意小，因为无论你给出怎样的一个正数，总会有一个比它更小的正数，比如你就把这个正数除以 2 得到的值一定比原来小。

但"充分大"与"任意大"并不一样，你不能说"充分大"的整数都是素数，这肯定是不对的。"充分大"往往用在一个涉及"无限"的数列或函数中，来表达这个数列或函数在自变量取值达到一定程度之后，会持续拥有的性质。这种命题里往往还有"最终"两个字。比如，这样一个命题："x 充分大之后，函数 $f(x)$ 的值最终大于 0"。

"任意大"和"充分大"的概念听上去很简单，但你别小瞧它们的作用。它们在数学里非常重要，因为它们是定义"极限"概念的基础。而"极限"的定义，又是整个微积分的基础。这里历史上有段公案，后来被称为"第二次数学危机"，之后有章节会详细介绍。

那我们再看看有关这两个名词的有意思的命题，其中最出名的莫过于"哥德巴赫猜想"。想必大家已熟知哥德巴赫猜想，即任何一个大于 2

的偶数都能表示成两个素数之和。而数学家对哥德巴赫猜想的每一次逼近，常会在解决的问题中出现："当 n 充分大之后，任何一个偶数都能用××× 形式来表达。"

比如，数学家陈景润在 1973 年证明了"1+2"命题，即对"充分大的偶数，都能表示成一个素数加两个素数之积"。我知道这个命题时还在读小学，当时感觉很奇怪，为什么说"充分大"？因为我自己验算，12 就等于 3+3×3 嘛，为什么不说"大于等于 12 的偶数，就能表示成 1 个素数加 2 个素数之积"？只能说我当时年幼无知，其实陈景润自己都不能确定这个偶数的下限，所以只能说"充分大"，足见证明哥德巴赫猜想很困难。

再看看"弱哥德巴赫猜想"的证明，更是体现了前赴后继、薪火相传的精神。"弱哥德巴赫猜想"是这样的：任何大于 7 的奇数都可以表示为三个奇素数之和。比如，9 =3+3+3。很明显它是"哥德巴赫猜想"的推论，但它无法推出原版的"哥德巴赫猜想"，所以我们叫它"弱哥德巴赫猜想"。

对"弱哥德巴赫猜想"第一次突破性证明是在 1937 年，苏联数学家伊万·维诺格拉多夫证明了"弱哥德巴赫猜想"对"充分大"的奇数都可以表示成三个素数之和，你看"充分大"来了。但是跟陈景润一样，他不能确定这个"充分大"的下限，但这是从无限到有限的一次突破，所以绝对是一次质的飞跃。两年后，他的学生，确定了一个下限，是 $3^{14348907}$。虽然大得吓人，但是从不知道下限，到知道一个很大的下限，也是一次很大的突破。

再之后要等到 1997 年，四位数学家得到了一个戏剧性的证明。他们先证明了：在广义黎曼假设成立的条件下，弱哥德巴赫猜想对"充分大"的奇数成立，这个充分大的下限是 10^{20}。然后他们用计算机验证了一下 10^{20} 以下的所有奇数，都符合弱哥德巴赫猜想。所以他们实际上证明了：在广义黎曼假设成立的条件下，"弱哥德巴赫猜想"成立。但问题是他们的证明都依赖于广义黎曼假设，但黎曼假设的证明还是遥遥无期。

2002 年，香港大学的两位数学家廖明哲与王天泽把下限缩小到 $e^{3100} \approx 2 \times 10^{1346}$。这个下限是不依赖其他命题的，但是可惜还是太大，比这个下限小的奇数还是多到无法用计算机来验证。

直到 2013 年，法国国家科学研究院的研究员哈洛德·贺欧夫各特发表了两篇论文，才终于彻底解决这个问题。他首先综合使用了一些传统方法，将"充分大"的下限缩小到 10^{30} 左右，再把 10^{30} 以下的奇数全都用计算机验证一遍，终于完整地证明了"弱哥德巴赫猜想"。

看完这个证明过程我最大的感受就是这个问题难度之大，其次是解决的方法都有点偷懒，因为他们都是把"充分大"降低到"足够小"。即使这个"足够小"对人类来说还是太大了，但有了计算机帮助，人们就能用暴力方法去解决它。我相信这种证明方法未来肯定会越来越多，虽然有点"偷懒"，但是能解决问题才是最重要的，对不对？

另外让人感叹的就是，"弱哥德巴赫猜想"解决了，但是哥德巴赫猜想本身和黎曼假设还是岿然不动。虽然它们都能推导出"弱哥德巴赫猜想"，但可惜反向推导不行。

前面都是"充分大"之后命题成立的例子，其实数学中还有一些人们认为"充分大"后命题成立的猜想，结果后来发现原来这些命题还有一个"非常大"的反例的例子。而其中最惊人的一个例子还是关于素数的，下面我们就来看一下。

大家都知道对素数数量的简单估计，就是前 n 个自然数中有大约

$\frac{n}{\ln n}$ 个，它有一个等价但估计更精确的函数，是一个积分形式：

$$\text{Li}(x) = \int_2^n \frac{\mathrm{d}t}{\ln}$$

这个积分的具体含义不重要，关键是有好事者把这个估计函数和实际素数的数量进行了比较，发现直到成千上万后，实际素数的数量确实越来越接近估计函数的估值，但总是少于估计函数。于是，有人猜想，对所有的自然数 n，实际素数数量总是要小于这个估计函数。

n	$\pi(x)$：n 之前的素数数量	$\text{Li}(x) - \pi(x)$
10	4	2.2
10^2	25	5.1
10^3	168	10
10^4	1,229	17
10^5	9,592	38
...	...	...
10^{24}	18,435,599,767,349,200,867,866	17,146,907,278
10^{25}	176,846,309,399,143,769,411,680	55,160,980,939

但是，在 1914 年，与哈代并称"剑桥双雄"的李特伍德证明，这是错的，肯定有一个 n，使得 n 以内的素数数量会多于这个估计函数，只是这个 n 太大了，人们完全不知道这个转变会发生在什么地方。后来李特伍德的学生思古斯，在 1933 年，他 34 岁那年证明了，这个 n 会在小于 $10^{10^{10^{34}}}$ 之内出现，不过前提是黎曼假设正确。然后思古斯又奋斗了 22 年，到了1955 年，他证明了这个 n 会在小于 $10^{10^{10^{964}}}$ 之内出现，这次他不需要黎曼假设这个前提了，所以这个 n 比之前的还要大很多。在葛立

恒数出现之前，它是数学论文中出现过的最大的且有意义的数，这个数字人称"思古斯数"。现在最新成果已经把思古斯数的范围缩小到 e^{278} 左右。当然计算机还是算不出这个数，所以我们至今仍然不知道第一个会使得素数数量大于那个估计函数的确切 n 值。

你可能会想，那是不是有可能存在一个足够大的 n，使得大于 n 之后的所有自然数，它之前包含的素数都一直大于或小于估计函数值呢？这个思路很好，只是结论更为惊人，李特伍德还证明过：n 之前的素数数量与估计函数之间的大小关系会发生无数次转变！也就是这个命题从"充分大"变为了"任意大"，现在可以改为有任意大的 n，使得 n 以内的素数小于估计函数的估计；也有任意大的 n，使得 n 以内的素数数量大于估计函数的估计。两者不矛盾，而且第一次转变发生的位置我们不知道。

目前所知的是在 e^{728} 附近，会有一次转变，但是不是第一次转变我们还不知道，且 10^{19} 之前没有转变。这些巨大的数字让我想起了一句名言："如果数学是上帝留给人类的花园，那么素数就是藏在花园里的魔鬼。"

思考题 大老李陪你一起"玩"

1. 请想一个数学命题，包含"充分小"或"任意小"这三个字。

意外的不"平均"——从"本福特定律"到"双信封悖论"

我们在生活中随时会接触到各种各样的数字，比如今天的气温、股票指数、最近物价涨跌幅度等。但你有没有想过能从这些数字中找出些什么规律呢？你可能会说这些数字都是随机的啊，而且互不相干，怎么会有规律呢？但1938年，一个叫法兰克·本福特的美国电气工程师就从身边的很多随处可见的数字中发现了一个分布规律，现在被称为"本福特定律"。

让我们看看当初本福特在其发表的文章中用到的数字例子：335条河流的长度或区域的面积，这个区域可大到一个国家，小到一个学校；3259条人口数据，我没有详查数据来源，不过既然多达3000多条，那肯定是有国家、有城市、有乡村等不同大小区域的人口数据；104个物理数学常量；100份报纸上出现的数字等。

现在问你，以上这些不同类别的数字，尽管单位各不相同，如果只看数字，以1开头的数字比例有多少，以9开头的又有多少？可能你的第一感觉就是两者应该是一样的，都是1/9，也就是11%左右。但是本福特发现，这些数字中，以1开头的特别多，达到30%，然后逐步减少，到9开头的数字就大概只有4.5%了。这是不是有点意外？这个数字分布规律后来就被称为"本福特定律"。为何数字有如此分布呢？虽然有很多种解释，但关于概率分布形成的原因其实是很难证明的。我看了很多解释，但归根结底，主要就是两种原因造成的。

一种是有关概率分布的范围。当我们在评估一个概率事件的时候，我们往往忽略这个概率事件结果的取值范围，但取值范围是对结果的概率分布有影响的。比如，搞一个抽奖，如果抽奖号码范围是1~199，当然是1开头的中奖号码更多。只有抽奖范围是1~99，才可能得到均匀分布的1~9开头的中奖号码。

取值范围是一个因素，其实还有一个更重要的因素，这就是人们倾

TABLE I

PERCENTAGE OF TIMES THE NATURAL NUMBERS 1 TO 9 ARE USED AS FIRST
DIGITS IN NUMBERS, AS DETERMINED BY 20,229 OBSERVATIONS

Group	Title	First Digit									Count
		1	2	3	4	5	6	7	8	9	
A	Rivers, Area	31.0	16.4	10.7	11.3	7.2	8.6	5.5	4.2	5.1	335
B	Population	33.9	20.4	14.2	8.1	7.2	6.2	4.1	3.7	2.2	3259
C	Constants	41.3	14.4	4.8	8.6	10.6	5.8	1.0	2.9	10.6	104
D	Newspapers	30.0	18.0	12.0	10.0	8.0	6.0	6.0	5.0	5.0	100
E	Spec. Heat	24.0	18.4	16.2	14.6	10.6	4.1	3.2	4.8	4.1	1389
F	Pressure	29.6	18.3	12.8	9.8	8.3	6.4	5.7	4.4	4.7	703
G	H.P. Lost	30.0	18.4	11.9	10.8	8.1	7.0	5.1	5.1	3.6	690
H	Mol. Wgt.	26.7	25.2	15.4	10.8	6.7	5.1	4.1	2.8	3.2	1800
I	Drainage	27.1	23.9	13.8	12.6	8.2	5.0	5.0	2.5	1.9	159
J	Atomic Wgt.	47.2	18.7	5.5	4.4	6.6	4.4	3.3	4.4	5.5	91
K	$n^{-1}, \sqrt{n}, \cdots$	25.7	20.3	9.7	6.8	6.6	6.8	7.2	8.0	8.9	5000
L	Design	26.8	14.8	14.3	7.5	8.3	8.4	7.0	7.3	5.6	560
M	*Digest*	33.4	18.5	12.4	7.5	7.1	6.5	5.5	4.9	4.2	308
N	Cost Data	32.4	18.8	10.1	10.1	9.8	5.5	4.7	5.5	3.1	741
O	X-Ray Volts	27.9	17.5	14.4	9.0	8.1	7.4	5.1	5.8	4.8	707
P	Am. League	32.7	17.6	12.6	9.8	7.4	6.4	4.9	5.6	3.0	1458
Q	Black Body	31.0	17.3	14.1	8.7	6.6	7.0	5.2	4.7	5.4	1165
R	Addresses	28.9	19.2	12.6	8.8	8.5	6.4	5.6	5.0	5.0	342
S	$n^1, n^2 \cdots n!$	25.3	16.0	12.0	10.0	8.5	8.8	6.8	7.1	5.5	900
T	Death Rate	27.0	18.6	15.7	9.4	6.7	6.5	7.2	4.8	4.1	418
Average.......		30.6	18.5	12.4	9.4	8.0	6.4	5.1	4.9	4.7	1011
Probable Error		±0.8	±0.4	±0.4	±0.3	±0.2	±0.2	±0.2	±0.2	±0.3	—

本福特在其 1938 年发表的论文 "The Law of Anomalous Numbers" 中所举过的数字例子。

向于把随机变量看作均匀分布的。比如，那些听上去很像随机取值的统计数字，如河流长度、地区人口等。其实你多想一下，你猜它们是正态分布都比均匀分布靠谱一些啊，但是人的直觉总是先把这些变量想成是均匀分布的。

由此我想到另外一个经典的例子，证明人的直觉非常容易陷入均匀分布的迷宫，这就是非常著名的"双信封悖论"。这个悖论是这样说的：

给你两个信封，里面都有一些钱，其中一个信封里的钱是另一个的两倍。你可以随机选择一个信封，拿走里面的钱。但是在打开前，你有一次更换选择的机会，而且你总是希望拿到更多钱，请问你应不应该选择更换？

▌两个信封中的钱，其中一个是另一个的两倍，到底选哪个信封呢？

乍一听，这不就是算期望值吗，那我们来算一下。假设你选定的信封里面的钱数是 x，那么另一个信封里的钱要么是 $x/2$，要么是 $2x$，看上去概率均等。那么另一个信封里的钱数期望值似乎就该是：

$$50\% \times \frac{x}{2} + 50\% \times 2x = \frac{x}{4} + x = 1.25x$$

而我手头信封里的钱是 x，那就应该换另一个信封！你是不是已经觉得不对劲了？如果换另一个信封的话，用同样的计算方法就应该再换回来啊，那何必还去换信封？总之无论选了哪个信封，似乎另一个信封的期望值都会更高。问题到底出在哪里？网上有很多解释，但这些解释都过于复杂，其实归根结底，就是你在计算期望值时不自觉地做了错误的随机变量取值范围和均匀分布的假设。

先看取值范围，首先信封里钱的数目必须是有一个上限的，不是无限的。你可能会说，这不一定啊，如果跟我玩的是比尔·盖茨，他的钱对我来说就是无限的啊。那我来举例说明一下，无论这个上限有多高，只要有上限，就会影响结果。

比如，我现在跟你说，其他游戏条件不变，但两个信封里面的钱最多是 100 元，你会怎么算呢？你可能会这样想：如果我拿到的钱是在 50 元到 100 元之间的，那另一个信封只可能是一半了，也就是另一个信封的期望值只能是 $x/2$。如果我手头信封里的钱数是 1 元到 50 元之间，用之前的算法，另一个信封的期望值就是 $1.25x$。如果认为两种情况概率相等的话，那总体期望值就是：

$$50\% \times \frac{x}{2} + 50\% \times 1.25x = 0.875x$$

那就是不该换了？但你知道这样的计算结果是肯定还是有问题的，因为理论上另一个信封的期望值应该也是 x。但是它足以说明，钱数的上限对期望值计算是有重大影响的。

那我们再看为什么前面的计算还是不对的，错就错在我们不自觉地假设 0~50 之间的钱数是均匀分布的。其实按题意，钱数是无法在这个区间均匀分布的。为方便理解，我们假设钱数都是整数，那你会发现两个信封里的钱的可能状况枚举就是 (1，2)，(2，4)，(3，6)…(50，100)。

你会发现，如果你拿到的钱是奇数（且必然在 1 到 49 之间），那你就应该换另一个信封了；当你拿到的钱是在 1 元到 50 元之间且为偶数的话，会有一半概率换到 2 倍的钱，另有一半概率拿一半的钱。所以综合以上，我们大致可以分成三种情况：大于 50 元的不换，且大于 50 元的必为偶数；小于 50 元的奇数必须换；小于 50 元的偶数换不换都一样。那综合起来，因为小于 50 元的奇数与大于 50 元的偶数是一样多的，是不是换与不换都一样了？这样双信封悖论就解决了。

以上悖论的本质错误是在于在整个正实数空间上的均匀分布是造不出来的。但也很好说明，人们会自然地认为一个概率事件是均匀分布的，其实并不尽然。

本福特定律不是均匀分布的，那它是怎么分布的呢，并且又为什么会发生这种情况呢？为什么不是正态分布呢？以上这些问题，只能倒猜了。首先数学家找出了一个最符合本福特定律的分布公式，其中 d 的取值范围是 1 到 9 的整数：

$$P(d)=\log_{10}(d+1)-\log_{10}(d)=\log_{10}(\frac{d+1}{d})=\log_{10}(1+\frac{1}{d})$$

根据公式中出现的对数，人们找出了一种目前看来最合理的本福特定律产生原因：按比例增长的变量，会发生本福特定律。举个例子，比如人口，如果一个地方人口是 1 万人，从 1 万人增加到 2 万人，当然会很困难，因为要增加 100%。从 2 万人增加到 3 万人，那就要增加 50%，虽然难但是比从 1 万人增加到 2 万人要简单很多。如果从 9 万人增加到 10 万人，那就容易太多了，因为只要再增加 11% 左右就可以了。这样的话，就很容易理解为什么城市的人口数字首位为 1 的停留时间会最久，而首位为 9 的时候最短。

有很多事物都符合这种增长规律，比如 GDP（国内生产总值），我们一般谈的是的比例，而不是增加的绝对值，因为只有增加的比例值是具有可比性的。所以我可以很确定地预言各个国家 GDP 的数字首位符合本福特定律。

以下是我统计的世界货币基金组织公布的 2017 年 193 个国家或经济体的 GDP 数据（以美元计）：

首位数字	出现次数	出现概率（%）	公式预言（%）
1	56	29.0	30.1
2	36	18.7	17.6
3	28	14.5	12.5
4	25	13.0	9.7
5	12	6.2	7.9
6	10	5.2	6.7
7	9	4.7	5.8
8	10	5.2	5.1
9	7	3.6	4.6

可以说，以上数据与公式预言完美契合。本福特定律还有所谓的"尺度不变性"，即同一个指标换成不同进制，比如三进制、十六进制等，或者取数字头两位、三位等，这个分布规律仍然存在。这种尺度不变性用这个按比例增长的理论去解释就很容易理解了。与此对应，所谓"按固定量变化"的数字就不会符合本福特定律，比如我每天的心跳次数。

但有些符合本福特定律的数字就不那么好解释，比如报纸杂志上的数字为什么也符合本福特定律？ 1995 年，奥地利心理学和统计学家安东·福尔曼提供了一个最有说服力的解释。他证明了单一正态分布的数据不会符合本福特定律，比如智商、人的身高等。但是当人们"混合"两种正态分布数据来源时，本福特定律就会出现了。数学上的解释是当人们"随机"选择一种随机分布，再随机地从这种随机分布中抽取一个数字时，本福特定律就会出现。而报纸杂志上的数字就是从很多不同的随机分布中随机抽取的数字。

那为什么教科书后面的答案的数字也符合本福特定律？这个问题就更有意思了，有人给出了一种解释，虽然我有点怀疑这种解释。因为这种解释如果成立，则更像一个心理学问题而不是数学问题。这种解释大致是说 60+50=110 这样的加法题要比 60+35=95 这样的加法题更容易出现在数学书里。我也很希望有人能认真统计一下各种教科书后面答案的

	公制		英制		
首位数字 k	出现次数	频率（%）	出现次数	频率（%）	$\log(k+1)/k$
1	8	40	7	35	0.30
2	2	10	2	10	0.18
3	1	5	3	15	0.12
4	0	0	1	5	0.10
5	2	10	1	5	0.08
6	3	15	3	15	0.07
7	0	0	0	0	0.06
8	2	10	1	5	0.05

本福特取了 20 种物理常数，并在公制和英制下都统计了首位数字的比例。看上去并不太符合本福特定律，但蹊跷的是它们的分布完全不均匀。

数字，看一下到底是否符合这一定律。

最不容易解释的是数学物理常量。我又看了一下本福特统计的 104 个常量的分布，其实并不太符合本福特定律。

最后，你需要知道，本福特定律还曾被用来破案。据说有人做了假账，结果就是用了本福特定律发现了假账的证据，所以你应该知道本福特定律！当然，我们不为作假，只为识假。

思考题　大老李陪你一起"玩"

1. 请你也从身边的数字中找一个符合本福特定律的例子。

2. 如果要你产生一个 1 到 100 之间的随机整数，且要求均匀分布，有什么简单的办法产生这样一个数？双信封悖论的实质是"无法产生全体自然数或实数集合上的均匀分布"，请思考一下为什么？

3. 如果把双信封悖论问题中的信封和钱改成"两个装有一些水的水桶"，一个水桶的水量是另一个水桶的两倍。则当你盲选一个装有比较多的水的桶时，会产生"两桶水悖论"吗？

✍ | 看似公平的猜拳游戏 |

猜拳游戏大家都会玩，但这里要请你玩一个稍有不同的猜拳游戏：

猜拳的双方姑且叫他们"小单"和"小双"。猜拳时只能出两种手势：出一个大拇指，表示 1；出四个手指，表示 4。然后把双方的手势数字加起来，结果为单数时，小单赢，结果为双数时，小双赢，而且赢的分数就是双方手势数字之和。比如，一个人出了 1，另一个出了 4，那么加起来是 5，则小单赢了 5 分。如果两个人都出了 1，加起来是 2，是双数，则小双赢了 2 分。

小单小双的猜拳游戏，小单出了 "4"，小双出了 "1"，相加是单数 "5"，所以小单赢了。

现在的问题就是这个游戏是公平的吗？当双方都采取最佳策略的时候，他们最终的得分期望值是一样的吗？

如果小双这样思考：双方的策略都是以一半概率出 1 或 4，那么平均每 4 局来说，加起来是 2 或 8 的时候我能赢两次，一共是 10 分；双方加起来是 5 的时候对方能赢两次，一共也是 10 分。所以这个游戏看起来挺公平的，那我就按两种随机，以各 50% 的概率来出吧。

但此时小单这样思考：这个游戏看起来挺公平的，但是我感觉这里面有点玄机。我准备稍稍出点奇招，以 3/5 的概率出 1 个手指，2/5 的概率出 4 个手指。请问在这种情况下，双方的得分期望值如何？

我在刚看到这个问题时，也像小双一样，感觉这个游戏是很对称的，像是一个公平的游戏。但是经过计算会发现，在小单的这种不对称出拳策略下，他可以在 20 局游戏中，平均多得 6 分！是不是有点出人意料？

小单的猜拳概率收益表（小双的猜拳收益表即为小单的收益乘以 -1）：

	小单 vs 小双	
小单的收益	1 vs 1：-2 · 0.6 · 0.5=-0.6 4 vs 1：5 · 0.4 · 0.5=1	1 vs 4：5 · 0.6 · 0.5=1.5 4 vs 4：-8 · 0.4 · 0.5=-1.6

从上表可计算出，小单单局期望收益为：-0.6+1.5+1-1.6=0.3。

如果我们知道小单的这种出拳策略后，作为小双有更好的策略吗？肯定是有的，比如小双可以一直出四个手指，这样小双平均每局可以赢0.2 分。那么小单也可以见招拆招啊，小单看到小双一直出四个手指，肯定会变招。这样双方定会你来我往，不断改变策略。那问题就来了，有没有一种策略，使得最终双方都不会再变招了？这种策略存在吗？熟悉博弈论的读者肯定知道，这种策略是肯定存在的，而这种策略就是"纳什均衡点"（Nash equilibrium）。

约翰·纳什这个名字估计好多人已经熟悉了，功劳要归于一部电影《美丽心灵》。纳什不但靠博弈论方面的贡献赢得了 1994 年诺贝尔经济学奖，还在 2015 年获得了一个数学界的大奖——阿贝尔奖，足见其成果的重要性。其实纳什均衡是很容易理解的一个状态，即博弈双方（或多方）中，任何一方单方面改变策略时，都无法提高自身收益的一种情况。

　　《美丽心灵》中有个片段是说纳什在普林斯顿大学读书时很喜欢下围棋，据说他从围棋中得到了"纳什平衡"的灵感。因为围棋里有个东西叫"定式"，它是双方在布局阶段，在局部按部就班地连续走出的变化。

　　但围棋是个"零和博弈"游戏啊！知道对方会这么走，为什么还是会这样走下去呢？零和博弈游戏为什么在局部变成了貌似合作模式的过程呢？双方看上去就是"合作"把一个定式过程走完了。精通围棋的读者会说：这很容易，因为定式是前人实践中，总结的双方可以接受的变化。如果我单方面变招的话，肯定是我受损。这里一个关键点来了：单方面变招的话，结果就是我受损（确切地说是"无法提高收益"），这就是纳什均衡的要义。

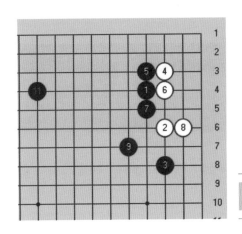

围棋中的一个定式，双方"默契"地按照数字顺序走完了这个局部变化。

　　那我们来看看，前面这个猜拳游戏的纳什均衡点在哪里。设小单出 1 的概率是 p，小双出 1 的概率是 q。则小单每局的得分期望值是：

$$-2pq+5(1-p)q+5p(1-q)-8(1-p)(1-q)=13p+13q-20pq-8$$

现在的计算目标是无论 q 是多少，确定一个最佳的 p 值，使得上述分值最大。则可将 q 作为变量，p 作为常量，将上式化为：

$$q(13-20p)-(8-13p)$$

可注意到当 $13-20p=0$ 时，上式将不依赖于 q。

则可解得当 $p=13/20$ 时，上式值为 0.45，即为均衡点时，小单的单局得分期望值。其意义就是小单应该以 13/20 的概率出 1，7/20 的概率出 4，无论小双采取何种策略，他的单局期望收益都是 0.45。

这个问题算是解决了，我最大的感想是一个貌似公平的游戏，意外地有一个不公平的结果，而且这个策略均衡点会出现 13/20 这样的数字实在是很让人意外的。

还有一个经典的体现纳什均衡的例子就是"囚徒困境"。

	乙沉默（合作）	乙认罪（背叛）
甲沉默（合作）	二人同服刑半年	甲服刑 10 年；乙即时获释
甲认罪（背叛）	甲即时获释；乙服刑 10 年	二人同服刑 5 年

从上表可以很容易看出，只有甲乙两人同时认罪时，任何一方，单方面改变策略时都无法使自己获益，因此达到纳什均衡。

另外还要说一句，纳什证明了纳什均衡在非合作博弈领域是必然存在的，而且不一定是两方博弈，任意多人的博弈都适用。但可惜的是，得到纳什均衡点却不容易。

像上述两人博弈的情况已经有点复杂了，如果让你和一个朋友玩这个猜拳游戏，估计你们玩一整天都摸索不出这个纳什均衡。而一旦到三人，情况更会一下子复杂许多。

其实我们在社会生活中，有很多情况是希望达到纳什均衡的。因为达到纳什均衡的话，人们的行为模式会比较稳定，对别人的行为也有很好的预期，这样人们之间"博弈"的感觉就会减少，有利于社会和谐稳定。但是纳什在证明纳什均衡存在性的时候，只证明了存在性，而没有构造出寻找这种均衡的方法。

1950 年，在第一版论文中，纳什的证明方法使用了"角谷静夫不动点原理"。这个原理有一个简单的例子：你用手机拍一个风景，然后在手机预览照片的时候，把手机举起来，放在你拍的实际风景之前，让你拍的风景作为手机的背景。那我就可以说，你手机里的照片必然有一点且（多数情况下）只有一点是与风景里位置是重合的，无论你怎么旋转或者移动手机。这个点就叫"不动点"，你思考一下对不对。

用手机照相，如果把预览框与所拍摄风景重合在一起，则预览框中总有一点与实际所拍摄的风景中的一点重合。

1951 年，纳什在改进版论文中使用了拓扑学中另一个著名的不动点定理——布劳威尔不动点原理。这个定理的最简单例子就是建立一个单位圆上的点到其自身的映射，则至少有一个点会映射到自己。还有一种等价说法叫地球上总有一点风速为 0。

不管你怎么设计地球表面的风向，总有一点风速为 0。

总之，纳什均衡这个不动点的存在性证明是非构造性的。有人就证明，对某些博弈来说，穷尽全世界所有计算机之力，在整个宇宙寿命的时间内也计算不出纳什均衡点，纳什均衡属于 NP 完全问题。这是有点让人失望但也是预料之中的情况，因为人的行为如果是如此容易被计算的，那人大概也就不叫人了。

最后，我个人认为商业领域里的一些现象是可以用纳什均衡来解释的，特别是某个领域只剩两个寡头垄断的时候。比如，可口可乐和百事可乐，从各方面来讲可口可乐的市场份额总是要比百事可乐大一点。但你有没有思考过，为什么几十年里可口可乐没再加把劲干掉百事可乐？或者百事可乐没点进取心去追上可口可乐？这样看来两家是不是到了一种没法再单方面变招或者大幅改变的时候？如果某一家大幅改变配方、售价或者营销策略等，很可能是自身先受损。所以两家进入一种纳什平衡状态，相对稳定下来。除非有第三家饮料企业强大到威胁到这两家，那这两家就不得不应战改变了。

思考题 大老李陪你一起"玩"

1. 你和朋友一起玩掷骰子比大小的游戏，如果点数一样算打平。你有一个便利条件是：你可以自由安排一个骰子点数的位置。即你可以将21个黑点任意分配到6面上，不能有负数或分数的点数。

请问：是否存在一种点数分配方案，使得你的骰子比对手的标准骰子有优势？

另外，如果两人都可以自由分配点数，则结果会如何？

2. 现在我们鼓励"素质教育"，提倡不要对孩子提前教育，上过多的早教班。但是，只要班里有一个孩子上了早教班，往往就导致所有家长都让孩子上早教班。请你用"纳什均衡"和"囚徒困境"的原理来解释一下这种情况。

用物理定律解决的数学问题——最速降线问题

众所周知，解决物理问题经常用到数学知识，但你想过物理定律也可以用来帮助解决数学问题吗？历史上确实有过一个很著名的数学问题，它的一种解法用到了物理定律。

这道题是这样的：一个小球（质点），从 A 点的位置开始，在只考虑重力作用下，沿怎样的一条路径下滑，可以用最短时间滑到比较低的 B 点位置。这个问题被称为"最速降线问题"（Brachistochrone 问题），是希腊语中的"最短"（brachistos）和"时间"（chronos）两个词的组合，就是最快的下降曲线的意思。

▌ 滑雪者的最速降线问题——那么多下降的路线，哪一条最快呢？

我看到这道题的第一感觉是这道题好精妙啊！题意是如此简单，但答案却不是那么明显。你可能认为是直线最快，这样路程最短。但如果让小球先下坠多一点，后半程速度会更快。这样虽然走的路径要更长，但是不是能更快呢？这可不是心算能解决的。

提前告诉大家最后答案确实不是直线。最早的时候伽利略也研究过这个问题，他认为是一个圆弧最快（我估计他做了很多实验），可惜那个时候还没有微积分，所以他没答对。你可能奇怪这题明明就是用数学来解决物理问题，我怎么说是用物理原理来解决数学问题呢？不用急，且听我来慢慢解释。

为了说明这个问题，我请大家来先做另一道有意思的智力题，姑且叫它"河中取物"问题。

你有一样东西掉河里了，需要把它取回。你站在河流左上方离岸边一定距离外的 A 点，掉落的物品在河中 B 点位置。你在陆地上的前进速度是 v_1，水里的游泳速度是 v_2。请问：你要以怎样的路径前进才能用最短时间到达 B 点？即你要选择岸边什么位置，从哪里下水可以最快到达 B 点？

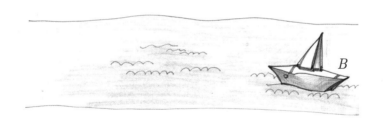

你需要走到河边，跳入水中游到船上，从哪个位置入水最节省时间呢？

这个题目是不是似曾相识？相信很多人曾经做过这个题。那我就直接公布答案：你要找的这个最终路径，如果视作一条光线的话，那么它是符合光的折射定律的！帮你回忆一下中学物理学过的折射定律——当光从一种介质进入另一种介质时，速度会发生变化，且路径有一个改变。其改变角度符合入射角的正弦除以折射角的正弦等于介质一中的速度除以介质二中的速度。

$$\frac{\sin\theta_1}{\sin\theta_2} = \frac{v_1}{v_2}$$

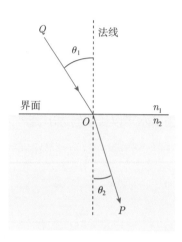

"折射定律"示意图，又名"斯涅尔定律"。

这就是说，光总是沿着花费时间最短的路径前进的。

那这个问题跟最速降线有什么联系呢？我猜你能感觉到这两者之间有些微妙的联系。先不急，我再卖个关子，先跟大家聊聊这个问题的历史，因为这个问题的

最小作用量原理

历史也是很有趣味性的，它是历史上最为大牌云集的一次"数学竞赛"。

前面说过，伽利略曾经研究过这个问题，但没能找到答案。之后过了约 60 年，1696 年 6 月，来自瑞士的数学家，约翰·伯努利在当时一本数学刊物《学术纪事》上又重新提出这个问题，并向全欧洲的数学家公开挑战。

约翰·伯努利在博学通报上说："我，约翰·伯努利，向全世界提出一个最绝妙的数学问题。对聪明人来说，没有什么比一个真实的、极具挑战性的难题更有吸引力了，更何况解决这个问题还可以让你青史留名，追随帕斯卡、费马等前辈的脚步。我希望通过提出这个极具挑战性的问题，

ACTA
ERUDITORUM
ANNO M DC LXXXXI
publicata,
ac
POTENTISSIMO SERENISSIMO-
QUE PRINCIPI AC DOMINO
DN. JOHANNI
GEORGIO IV
S.R. IMPERII ARCHIMARE-
SCALLO & ELECTORI
&c. &c. &c.
DICATA.
Cum S.Cæsarea Majeſtatis & Potentiſſimi Ele-
ctoris Saxoniæ Privilegiis.
LIPSIÆ,
Proſtant apud J. GROSSII HÆREDES & J. F. GLEDITSCHIUM.
Excuſa typis CHRISTOPHORI GUNTHERI.
Anno M DCXCI.

▌ 数学刊物《学术纪事》的某期封面。

得到整个数学共同体的一些感激之情，这个问题足够测试当今我们最好数学家的水平和智慧。如果有谁可以将此问题的解答告诉我，我会宣布他值得被称赞。这个问题就是：

给定竖直平面上 A、B 两点，如一质点仅在重力作用下从 A 点运动到 B 点，怎样的路径使质点达到 B 点所需时间最短？"

这个约翰·伯努利的来头可是非同小可，他的哥哥也很有名，叫雅各布·伯努利。但是两兄弟一生关系都不好，约翰明里暗里都在跟哥哥较劲，想要证明自己的数学才能比哥哥好。甚至于哥哥去世后，这个约翰·伯努利还跟自己的儿子丹尼尔·伯努利较劲。其实他儿子也是一个数学天才，当老爸的应该很开心啊，但是父子两人在差不多同时发现流

115

体力学的一些成果时，约翰·伯努利还把自己的成果发现时间改早两年，以表明自己是先发现的。总之这个家族是个天才的数学家族，但是内耗严重。

伯努利家族简介

闲话少叙，话说约翰·伯努利在《学术纪事》上重新发布这个问题，向全欧洲的数学家发起挑战之后，我们看看都有谁应战了。

第一个回应的就是约翰·伯努利的老师，德国的莱布尼茨，当时 50 岁。莱布尼茨作为微积分的奠基人之一，其丰功伟绩毋庸置疑。但半年内只有莱布尼茨应战成功了，莱布尼茨可能觉得不过瘾，没有达到挑战目的，他建议把应战期限再延长半年左右，推迟到 1697 年的复活节，以便让更多的人参与进来。

另一个关键原因是牛顿还没有答这个题。众所周知，当时牛顿与莱布尼茨在微积分的发明权问题上有纠纷，约翰·伯努利是莱布尼茨的学生，而他哥哥又支持牛顿，所以约翰必然是牛顿的敌对方。他在问题挑战中还写了这么一段极具挑衅意味的话。

"……很少有人能够解决我们这个优秀的问题，即使在数学家中也很少，他们吹嘘说（他们）……用新的方法，美妙地扩展了重要定理的边界，但实际上这些内容早已被其他人发表。"

可以说此时，这道题简直是检验谁是当时最好的数学家的一道题了。一直到 1697 年的复活节，约翰·伯努利一共收到 4 份正确答案，再加上他自己的一份，一共拿到 5 份答案。分别是约翰·伯努利自己的；他的老师莱布尼茨的；第三份是他的哥哥雅各布·伯努利的。

他的哥哥在这次挑战中毫不示弱，他甚至还指出了约翰·伯努利关于这个问题证明中的一个错误，并且纠正了这个错误。约翰·伯努利就把这个纠正窃为己有，当然，这件事只能使兄弟二人关系更差。第四份答案来自约翰的学生罗必塔，就是求极限的"罗必塔法则"里的那个罗必塔。顺便说一下，其实"罗必塔法则"是约翰·伯努利首先发现的，只是约翰·伯努利授权他的学生罗必塔用他学到的内容出版一本有关微积分的教材，结果大家就认为这个法则是罗必塔先发现的，被叫成"罗必塔法则"。

　　那还有一份答案是谁的呢？这份答案在《学术纪事》上发表时是匿名的，但是大家都认为这个答案来自牛顿。这里面还有一小段逸闻，那一年牛顿54岁，早已淡出数学界，他当时的职位是英国铸币厂主管。但还是有好事者把这个数学挑战题给他看了，牛顿说了句："我不喜欢被外国人用数学相关的东西嘲弄……"

　　尽管这样，根据牛顿的传记作者康杜德的说法，牛顿还是熬了一个通宵，把问题解决了。然后牛顿嘱咐说，要匿名发布，不想署名。结果就是1697年《学术纪事》上登载了四篇有关最速降线的证明，罗必塔的那个因故没有登载。

　　其中三篇是署名的：约翰·伯努利，雅各布·伯努利，莱布尼茨；还有一份匿名的来自牛顿的证明。你可以想象一下这本杂志的情形，相信如果你能在当时拿到这样一本杂志，心情绝对是激动万分的。这是历史上最为大牌云集的一次数学竞赛。虽然关于牛顿的这个故事也许有所夸张，但是约翰·伯努利在看到这份匿名证明后说过一句话："我从利爪中看到了雄狮"，说明他觉得这份证明绝对是个高人所为。

　　好了，这个问题的历史讲到这里，让我们再看看问题本身。其实以上四人思路各不相同，而约翰·伯努利正是使用光的折射原理，也叫

"费马原理"作为思路来解决这个问题的。

费马原理不是大家熟知的那个费马大定理，而是一个物理定理，它由费马在 1662 年提出。费马原理是说光传播的路径是光程取极值的路径。这个极值可能是最大值、最小值，甚至是函数的拐点。

在最速降线问题中，从 A 点到 B 点的下降过程中，无论曲线路径如何，在某个水平面上，质点的速率都是一样的，因为我们不考虑摩擦力等阻力作用。而且只要高度改变任何一小点，速率都会增加一小点。

这种情况就好比一束光线穿过一块均匀变化的介质一样，这个介质每一个水平层的材质是一样的，垂直方向上则是均匀变化的，且正好能使光束好像受到重力作用而加速一样。请你想象一个理想实验，如果我们能够制造出这种均匀变化的介质，那么只要你从介质上方稍微有点角度向下射出这束光线，你就能看到这束光线在介质里走出一道美妙的最速降线曲线。

当然，这只是约翰·伯努利的解题思路，具体计算方法还是很有难

如果能制造出合适的均匀变化的介质，就能看到光在介质中走出一条"最速降线"。

度的。这也是为什么这个问题不能在高中物理或者大学非数学系的数学
教材里出现。但我觉得这个思路是非常新颖和有趣的，因为它确实是很
难得的用物理原理来解答的数学题。我觉得当年约翰·伯努利大概也是
很得意自己想出了这种解法，才向全欧洲数学家挑战的，并且提到了"跟
随费马的脚步……"我们可以简单学习一下约翰·伯努利的解法。

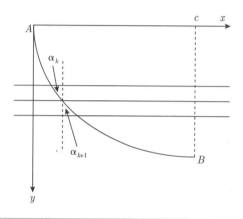

最速降线问题示意图。

上图中，我们用水平线将 AB 弧线分成若干小段，质点在每个水平
线上的速度相等。根据"折射定律"，我们有：

$$\frac{\sin\alpha_k}{V_k}=\frac{\sin\alpha_{k+1}}{V_{k+1}}$$

以上结论不依赖 k，故有：

$$\frac{\sin\alpha_k}{V_k}=C \qquad\qquad (1)$$

其中 C 是某个常数，α 是曲线某点上的切线与铅垂线的夹角。

设质点质量为 m，重力加速度为 y，则由能量守恒定律，质点在某

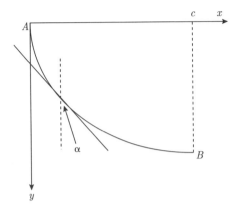

α 是曲线某点上的切线与铅垂线的夹角。

点 $P(x, y)$ 的速度完全由下落高度决定：

$$\frac{1}{2}mv^2 = mgy \implies v = \sqrt{2gy} \qquad (2)$$

（1）（2）联立，可得：

$$\sqrt{y} = \frac{\sin \alpha}{C\sqrt{2g}} \implies y = k^2 \sin^2 \alpha$$

其中 k 是常数。

而曲线在 $P(x, y)$ 处的切线斜率是 $y' = -\cot\alpha$，而

$$\sin^2\alpha = 1/(1+\cot^2\alpha) = 1/(1+y'^2) \qquad (3)$$

由（2）（3）可得：$y(1+y'^2) = k^2$

问题就变为解出以上微分方程。解法较复杂，从略，答案是如下的

参数方程：

$$\begin{cases} x=\dfrac{1}{k^2}\ (\theta-\sin\theta) & （1） \\[2mm] y=\dfrac{1}{k^2}\ (1-\cos\theta) & （2） \end{cases}$$

而以上这个方程就是摆线的标准方程。

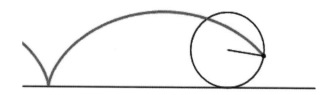

摆线就是一个沿直线滚动的圆上一点所经过的路径。

最速降线问题的有趣之处是，它还有很多不同的解法。比如，约翰的哥哥雅各布的解法就是比较传统的，用时间的二阶微分得到曲线的变化情况。最速降线还有一个有趣的性质是在最速降线上任何一个

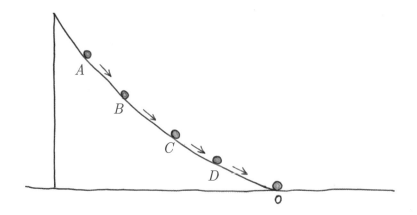

最速降线上，不同高度的小球，从初速度 0 开始自由下落，它们将在同样的时间到达 O 点。

高度由静止开始下落的质点，到达最终目的地 B 点的时间都是一样的。

另外，就这类问题的解决还发展出了一套数学方法，叫"变分法"。它与普通微积分问题的基本区别是，它要处理的未知量是函数本身，即在很多可能的函数中，找到需要的一个函数，而不是对一个已知函数进行处理。比如，伯努利兄弟还在另外两道题目上较过劲，一道问题是问：一条悬挂在水平位置上的软绳，受均匀引力作用自然下垂时所成的形状，人称"悬链线"方程；另一道题是问：一面迎风展开的风帆，其曲面形状。这两道题都是变分法的典型问题。是不是感觉题目描述非常简单，但解法并不容易？

有关最速降线的故事讲完了，你是不是也觉得这场数学竞赛精彩绝伦？

思考题 大老李陪你一起"玩"

1. 想想为什么光的传播路线会遵循费马原理所描述的"极值"路径前进？如果不是这样，会发生什么情况？

2. 看看身边有什么特别的曲线和形状，是否可以用变分法求解？

✎ | 你追我赶的蜗牛——有关对数螺线 |

你做过这样一道智力题吗？在一个正方形的四个顶点上各有一只蜗牛，每只蜗牛都按逆时针方向看着另一只蜗牛。某一时刻，一声令下，所有蜗牛开始以相同的速度，匀速朝自己看到的那只蜗牛爬去，并且在爬的过程中，能随时调整方向，始终保持朝向目标爬行。你可以想见，它们最终会在正方形的中央撞在一起。现在已知正方形边长和蜗牛的爬行速度，请问：最终它们用多长时间会撞在一起，撞在一起时又爬了多远？

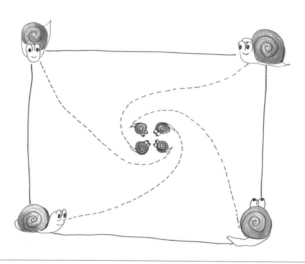

▌ 四只蜗牛从正方形四个顶点出发，你追我赶，最终在正方形中央撞在了一起。

　　这道题你若用微积分方法去算，自然是可以，但是会非常麻烦。有一个简单的方法，让我们利用一个物理原理——运动相对性原理，来处理这个问题，结果就会非常简单。怎么利用呢？请你把自己想象成一只蜗牛，而且你的感觉很迟钝，你在爬的时候，就是直勾勾地朝目标爬去，甚至意识不到你的目标也在爬。你感觉你的目标是一个静止点，而你自己只是在做直线运动，而且在运动过程中，你始终看到目标蜗牛的头是与你爬行方向成 90° 的，直到你追上它。

　　此时你发现整个过程像是你的目标蜗牛确实待在正方形的一个顶点上没动，你沿正方形一条边爬过去，直到碰到那只蜗牛。两者对你的"感觉"

来说是完全一样的。如果想通这一点，你就能知道蜗牛在撞到一起之前所走的路径长度就是正方形的边长，时间也就很容易计算了。

这个思路告诉我们，曲线运动通过改变参考系，可以变为直线运动。不过我前面说在两种参考系下，蜗牛的感受是一样的，其实是不对的。因为曲线运动时，蜗牛会感受到一个加速度，而在匀速直线运动中没有，但在这道数学题中，如此变更参考系对计算是完全不影响的。你现在肯定想问，如果不是正方形，而是三只蜗牛在正三角形的三个顶点上或者五只蜗牛在正五边形的顶点上等，又会如何呢？

这些情况下，一样可以使用前述的变更参考系的方法思考。比如正三角形，作为蜗牛的感受还是直勾勾地朝对方蜗牛冲过去，但是这次，对方蜗牛的头不是成 $90°$ 面向侧面了，而是有点面向你，成 $60°$ 的夹角偏向一边。所以此时你不能再视目标蜗牛是静止的了，因为对方在爬行过程中，朝你的前进方向上的投影还是有速度的。这个速度就是 $v \cdot \cos 60$，也就是 $v/2$，而且是朝向你的。

所以，总体上你与对方靠近的速度是 $v+v/2=1.5v$。那么你最终追到对方蜗牛的时间就是正方形边长 $/1.5v$。五边形情况下也是一样处理，只是此时对方蜗牛在我方前进方向上是有一个远离的投影速度的，所以此时靠近对方蜗牛的速度就要小于 v。总之，无论是正几边形都可以此类推。

不过，你可能还有问题：这种蜗牛追逐所走的路径曲线到底是什么呢？这就不能靠前面那种变更参考系的方法来解决了，当然结论也早有数学家研究过，即"对数螺线"。

对数螺线最早是在 1683 年由笛卡儿发现的，但是对其进行深入研究的是雅各布·伯努利，就是上一节中提到的伯努利家族中的大哥。雅各布·伯努利发现了很多对数螺线的美妙性质，特别是多数螺线经过等比例放大后可以与自身重合的性质，这使他产生一个念头。

雅各布说，我要在自己墓碑上刻上一句话："虽然我改变了，但结果跟原来一样"（Eadem mutata resurgo），然后还要在这句话边上刻上一条对数螺线的样子。但谁知后来阴差阳错，刻墓碑的师傅显然数学没学好，他以为雅各布就是要一条螺线，结果他直接就把等速螺线的样子刻上去了。其实等速螺线和对数螺线的外观区别是很明显的，不知道雅各布泉下有知，是否会火冒三丈。

雅各布·伯努利的墓碑，下方为雕刻师误刻的等速螺线。

对数螺线与等速螺线的外观区别到底在哪里？等速螺线顾名思义，螺线向外扩展的速度是均匀的，所以从螺线起点向外延伸一条射线穿越螺线多次之后，你会发现这条射线被螺线分割成的每一段是等长的。而对数螺线，在同样的情况下，分割成的每一段是呈几何级数的方式递增的，越外圈，往外旋的趋势就越来越快。这点从两种螺线的极坐标方程上也能明显看出区别。等速螺线的极坐标方程是：

$$r=a+b\theta$$

这个角度坐标参数 θ 是作为一次项存在的。而对数螺线的极坐标方程式为：

$$r=ae^{b\theta}$$

这个角度坐标参数是作为指数存在的，而底数是自然对数的底数 e，这也是为何叫它对数螺线的原因。

对数螺线还有一个重要性质是从螺线起点向外延伸的射线穿越螺线时，螺线与这条射线的夹角都是一样的。这一点通过前面的蜗牛追逐问题也能看出来。比如考虑正方形的一条对角线，蜗牛在追逐过程中，肯定会多次经过这条对角线。经过对角线时，四只蜗牛应该同时都在对角线上，而且形状仍然是一个正方形，所以蜗牛前进方向与对

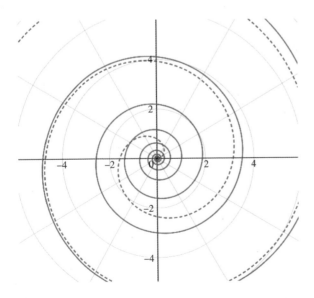

虚线为等速螺线，实线为对数螺线。可以看出，对数螺线向外扩张的趋势是加速的，而等速螺线是匀速扩张的。

角线的夹角总是45°。而且你会发现不管是怎样的一条直线，只要是经过正方形中点的，蜗牛穿过这条直线时的夹角总是45°，这也是对数螺线也被称为"等角螺线"的原因，而这个45°就被称为等角螺线的定角。定角的取值范围是0°到90°，而定角一旦等于90°，这条螺线就退化成一个圆了。

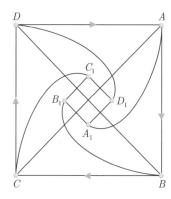

無论蜗牛的速度如何，其每次穿越正方形对角线时的角度都是45°。

对数螺线还有一个有趣的性质是这条螺线在原点附近实际上是绕圈无数多次的。即四只蜗牛在原点处撞见之前，实际上是需要转向无穷多次的，虽然每只蜗牛前进的路程长度是有限的。蜗牛越接近原点，越小的一次移动，都会引发更大的前进角度变化，以至于到原点前，大家都要无数次转向。

以上性质是由意大利人托里拆利发现的，有意思的是，他主要是物理学家，最出名的成就是发明了气压计。但他首先发现了对数螺线的长度公式，即螺线上某一点到起点的长度，是该点到螺线起点距离乘以螺线定角的正割（sec，余弦的倒数）。

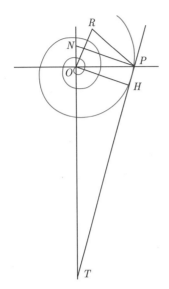

定角为 θ 的等角螺线上一点 P 到原点
的长度等于 | OP | · $\sec\theta$。

由于对数螺线的自相似性，所以可以用一系列相似的图形嵌套，做
出一些特别的螺线。比如，下图是一组连续嵌套且缩小的矩形，每一组
矩形都是相似的：

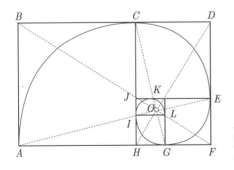

一组自相似矩形构成的等角螺线。

以上这组矩形的第一个顶点会依次落在一条等角螺线上。如果 A 点
的极坐标为（a，π），则该等角螺线的方程为：

$$r=\frac{a}{\phi^2}\ (\phi^{2/\pi})^{\phi}$$

其中$\phi=\frac{1+\sqrt{5}}{2}$。这个数值就是大名鼎鼎的黄金分割！因此这条等角螺线也被称为黄金螺线。

用自相似的矩形可以构成黄金螺线，用三角形可不可以？也可以！如下图，一系列嵌套的等腰三角形：

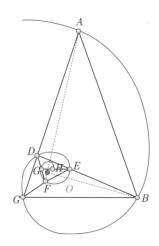

▌上图：一组自相似的三角形构成的等角螺线。

如果 A 点坐标是（$a,\frac{3\pi}{5}$），则此螺线的方程为：

$$r=\frac{a}{\phi^2}\ (\phi^{5/3\pi})^{\phi}$$

其中$\phi=\frac{1+\sqrt{5}}{2}$，也是黄金分割，因此它也被称为黄金螺线。其实这条螺线只要经过缩放，必然可以与上一条螺线重合，对不对？

最后，对数螺线最为神奇的就是，它似乎在自然界中经常可以看到。小到蜗牛壳的纹路，鹦鹉螺壳上的花纹，大到旋涡星系的旋臂形状，都很像对数螺线。

蜗牛壳的纹路是一条
对数螺线。

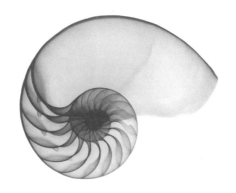

鹦鹉螺的壳上的花纹也是一条对
数螺线。

旋涡信息的旋臂展开的形状也很接近对数
螺线。

另外还有人发现老鹰接近猎物时盘旋的路径，以及昆虫接近光源时飞行的路径也很像对数螺线，这是为什么呢？生物学上可能有一些解释，比如最节省能量或者最均匀的吸收和生长。但我觉得最根本的还是对数螺线的数学性质默默地支配了自然界的一些行为模式，你说对不对？另外自相似的东西能导出黄金分割，这是不是它们"美感"的来源呢？很多设计师也会将它运用在建筑设计中，比如旋转楼梯：

有自相似结果的旋转楼梯。

思考题 大老李陪你一起"玩"

1. 以上用矩形或等腰三角形构成的黄金螺线，如果改成不同的长宽比，能构成黄金螺线吗？

2. 生活中有还有哪些东西可能有对数螺线呢？找找看有哪些"自相似"的东西？

🖋 | 三体问题杂谈 |

"三体"这个名词想必大家都已经听说过了，但是，即使你完整地看过刘慈欣的三部三体小说，恐怕也不会对三体问题本身有太多的了解。你可能只有模糊概念，三体像是描述有三个星球因为万有引力的作用而互相吸引，产生十分混乱的运动模式。我个人印象最深的就是三体人说："干旱纪元来了，赶紧脱水抽干！"不过我要吐槽，以这样的自然条件怎么能发展出高级文明呢？好吧，这只是小说。

言归正传，本节目的在于给大家普及一下什么是"三体问题"。在讲三体问题之前，我先讲一个笑话。据说这个笑话，是你跟物理学家交流以及理解三体问题的一个前提。但首先要警告你，这将会是一个很冷的笑话，这个笑话的名称叫"球形奶牛"。

有一个养奶牛的农场主，有一天他想提高奶牛的产奶量，于是他请来一个工程师、一个心理学家和一个物理学家来帮他出主意。一个星期之后，这个工程师回来说：如果你要提高奶牛的产奶量，你可以增加挤奶工具的压力，也可以把吸奶的管子加粗。心理学家给出的建议是：奶牛要产奶高的话，你必须要让奶牛开心！开心的奶牛的产奶量才会高。最后物理学家是怎么说的？物理学家就说了一句话：我们先假设奶牛是一个小球……

这个笑话结束了。是不是觉得非常冷？其实这个笑话唯一要说明的一点是，物理学家经常在讨论问题的时候会说"我们先假设这个物体是

工程师、心理学家和物理学家各自思考，想出提高奶牛产奶量的方法。

一个小球"。也就是说，物理学家在讨论问题的时候，会先把问题简化。而"简化"，对理解三体问题来说是非常重要的，我们必须把问题中需要讨论的物体简化成一个小球。

"简化成小球"，意味着我们不考虑它的形状、材质、运动时的形变、它与空气的摩擦阻力，这些统统忽略，我们只考虑它有一定的质量。用高中物理老师说过的、比较科学的名词来说，这叫"质点"。但是为了读起来通俗点，后面我还是用"小球"来表达这个名词。

在讨论三体问题之前显然我们必须先聊另外一个问题，叫作"二体"问题。这个问题从名称上也能看出来，是三体问题的一个简化。而且在本节中你会看到许多问题运用"简化"的思维方法，这也是在讨论复杂问题时，常见的一种用到数学思维和物理思维思考方法。当我们面对一个很复杂的问题时，先把次要因素简化，只考虑一些最基本的东西，往往是解决问题的突破口。

"二体问题"是指两个小球或质点，已经知道它们的初始位置和初速度，只考虑它们之间的万有引力作用，求它们的运动轨迹，或者说小球在一定时间之后会位于什么位置的问题。这个问题要用到的物理知识是非常少的，因为我们已经把它简化到极致了，只考虑它们之间的万有引力的作用，没有任何其他力的作用。

学过高中物理的人肯定知道牛顿的三大定律，其本质是说，当知道一个物体所受的外力之后，我们就可以求出它的加速度。似乎"二体问题"里面我们只要知道万有引力定律和牛顿运动的三大定律就好了。但是稍微深入思考一下，我们当然知道小球的瞬时加速度是小球所受万有引力除以这个小球的质量，而在这之后，该如何计算它的运动轨迹呢？

问题的难点在于加速度一旦产生，哪怕小球在某个时刻是静止状态，这个小球也无法保持静止状态。只要小球一移动，它的位置就会变；位置一变的话，这两个小球之间的距离就会改变；距离一旦改变的话，那么它们之间万有引力的大小就会改变；万有引力的大小一改变，加速度又会改变，然后你就发现会进入一个循环的变化链条中：加速度→速度→位置→万有引力→加速度……此时你会发现，要处理二体问题，高中数学知识已经不够用了。

但如果你学过微积分的话，会很自然地想到，这时候就应该是微积分派上用场的时候。我们可以假设在很短的一段时间内，这两个小球之间的距离没有改变，它们受到万有引力作用的大小是恒定的，并且在这

如果只考虑地球和月球之间的万有引力作用，则地球和月球的运动轨迹问题就是"二体问题"。

段时间内，它们的加速度也是恒定的。那么这个小球在这个很短的时间内处于匀加速运动状态。它的运动轨迹，肯定就是对这种运动状态求积分。

我们也可以倒过来思考，假设我们已经知道小球的运动轨迹，比如说是函数 $s(t)$，那么对于运动轨迹求一次导数的话，可得它的速度函数：$v=s'(t)$。然后再次求导的话就是它的加速度函数：$a=s''(t)$。然而加速度函数我们又可以用牛顿第二定律表示出来：

$$a=\frac{F}{m_1}=G\frac{m_1 m_2}{r^2 m_1}=G\frac{m_2}{r^2}$$

这里 G 是万有引力常数，m_1 是小球自身质量，m_2 是另一个小球的质量。到这一步，我们就可以得到方程：

$$s''(t)=G\frac{m_2}{r^2}$$

但问题是，上述方程中的 r 是随时间 t 变化的一个变量，事情一下子复杂起来。当然，我们可以再一次发起"简化"攻势，假设两个小球在初始时刻处于静止状态，且距离是 d，甚至于质量也是相等的 m。这样的两个小球在万有引力作用下，必然是从静止开始，沿直线加速靠近，直至碰到一起。

如果单个小球在 t 时间后的位移是 $s(t)$，这样两小球在 t 时刻后的距离是：

$$r(t)=d-2s(t)$$

代入之前的方程，得：

$$s''(t)=G\frac{m}{[d-2s(t)]^2}$$

如果你能写出这样一个等式的话，恭喜你，你得到了一个二阶常微分方程！

说实话，这个微分方程恐怕是我这个非数学系理科生学过的最高深的数学知识。微分方程是指未知数是一个函数，而不是一个具体的数的方程。虽然得到上述微分方程，已经是我们把原问题简化到不能再简化的程度了，但是解这个微分方程，求出 $s(t)$ 的表达式还是十分困难的，虽然我们知道答案应该很像自由落体运动公式：$s=\frac{1}{2}gt^2$。

但还好早就有数学家帮我们做出了这道题，最先给出二体问题的完整解答的人就是那个提出"最速降线问题"挑战的约翰·伯努利。首先，他还是把问题先简化为初始状态下，两个小球的共同的质心是静止的，即两个物体的总动量是零的情况。所谓动量，给大家复习一下，就是物体的质量乘以速度。总动量为 0 就是如果两个小球的质量乘以速度加起来是 0。这里还要再复习一个概念——矢量。速度——在物理学上就是一个矢量，它是有方向的，所以动量也是矢量，因此两个物体的质量乘以速度加起来是可以为 0 的。

你可能会想起来一个学过的物理定律，叫"动量守恒定律"，即一个物理系统受的总外力为 0 的话，它的动量就守恒。对二体问题来说，把它们考虑成一个整体的话，那么它们的总动量就是守恒的，因为它们所受的总外力为 0。此问题中，仅考虑总动量为 0 的情况是完全合理的，因为我们只关心两个小球之间的运动规律，而不考虑它们整体的运动情况。

约翰·伯努利在系统总动量为 0 的前提下，给出的二体问题答案是：每一个物体将会沿着一条圆锥曲线运动。这里我要再给大家复习一下高中数学，高中数学中，大家都学过圆锥曲线，一共有三种：椭圆、抛物线和双曲线。所以二体问题中，这两个小球的运动轨迹，要么是椭圆，要么是抛物线或双曲线。还记得老师说过行星的轨道都是椭圆吗？而有些太阳系中匆匆而过的天体的轨道就是抛物线或双曲线。当我们只考虑太阳和单个天体运动规律时，这个天体的运动轨迹就变成二体问题了。以上这就是约翰·伯努利给出的二体问题完整简答，可谓相当简洁和优美。

接下来我们就可以再考虑一下三体问题了，三体问题在二体问题基

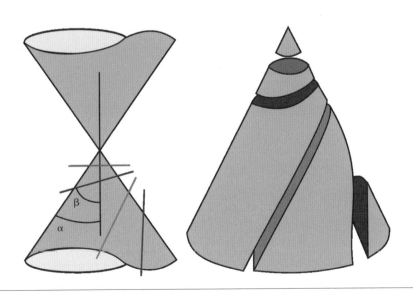

椭圆、抛物线和双曲线可以通过平面以不同角度切割一个圆锥的截面得到，因此统称为"圆锥曲线"。

础上要再增加一个小球。对于三体问题，用这种微分方程的方法就不行了，为什么呢？我们来看看这个三体问题到底复杂在哪里。首先，一般情况下的二体问题已经是相当复杂，要描述一个小球的位置，至少需要三个坐标，即三个变量，二体问题共需要处理六个变量，以此类推，三体问题的话就变成需要九个变量才能描述它们的位置。其次，这个加入的小球，会对另外两个小球都产生万有引力。当你再写出单个小球的加速度的时候，你就不得不先求出它所受的合外力。而这个合外力又是与另外两个小球的运动轨迹相关的一个变量，所以你会发现这个公式变得复杂无比。

微积分的祖师爷牛顿本人就在他的书中提到过三体问题，但就算以牛顿的超级智商也没有给出对三体问题有效的解答。之后大神欧拉在 60 岁时给出了三体问题的三个特解。这三个特解中，三个质点都围绕各自的椭圆轨道运动。他在求解过程中，天才地引入了"旋转坐标系"的概念。在我们熟悉的直角坐标系中，坐标轴是固定的。在旋转坐标中，x 轴方向始终是两个大质点的位置连线，使得求解三体问题大大简化。他发现的三个特解后来被拉格朗日再次发现，因此被称为第一、第二、第三拉格朗日点（更应该叫欧拉点）。

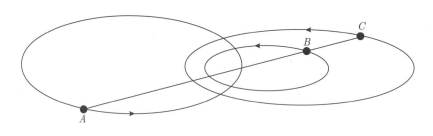

欧拉的旋转坐标系中，坐标轴方向始终是两个大质点的连线。

　　而拉格朗日的名字大家大概也不陌生，这位法国数学家在 20 岁时就由欧拉推荐，成了法国科学院的通讯院士。在欧拉发现 3 个特解后的五年，拉格朗日用其他的方法再次发现了欧拉的特解以及两个新的特解。这 5 个特解都被称为"拉格朗日平衡点"。而拉格朗日发现的新的两个解的特点是，质点在特定初始条件下，三个质点将始终位于等边三角形的三个顶点之上：

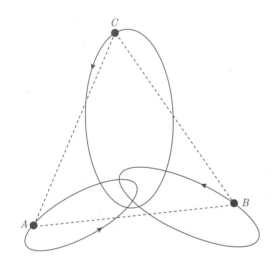

在拉格朗日特解中，三体之间始终构成一个等边三角形。

　　一开始拉格朗日认为自己的特解太特殊了，所以没用。但后人发现太阳、木星和位于木星轨道上的小行星群（希腊和特洛伊小行星群），三者正好处于一个等边三角形的顶点处，它们恰好验证了拉格朗日平衡点的稳定性！

　　之后，再次有突破意义的时刻是在 1887 年，瑞典国王奥斯卡二世为庆祝自己六十六岁的寿辰，赞助了一项比赛。他向所有的数学家和物理学家提出了一个问题，太阳系能否稳定地存在下去？当然，他更关心的是地球能否稳定地存在下去。

奥斯卡二世认为，现在的数学家物理学家这么聪明，能够算出所有的行星和月亮的轨道，日食、月食都预报得这么准，那么就请算一算，太阳系到底能不能稳定地存在下去？我感觉他的心理状态有点像三体小说中提到过的那个三体星球的首领。在三体星球上，白天黑夜随机转换，且每次黑夜到底要持续多久也不知道，我估计那个国王也想搞清楚这个太阳系到底还能存在多久。如果太阳系马上要毁灭了，那么就不如及时行乐。

就在国王提出问题的第二年，著名的法国数学家亨利·庞加莱通过简化，部分地解决了这个问题。庞加莱提出了"限制性"的三体问题，这个限制性是假设三个小球当中有两个小球的质量相对于另一个是非常大的，以至于第三个小球的质量完全不能对这两个大的小球运动产生干扰。在这种情况下，三体问题是可解的。这有点像有两颗大的恒星，它们互相围绕着旋转形成所谓的双星系统，此外有一颗行星围绕这个双星系统旋转。

庞加莱还发现了，如果不加限制，对一般的三体问题而言，很多情况会导致一种"混沌"（chaos）状态，这个发现直接导致后来"混沌理论"的创建。有关"混沌理论"，你可能听说过"蝴蝶效应"。南美洲的一只蝴蝶翅膀的震动，会导致两个月后北美洲的大西洋上的一场飓风。这种说法是有点夸张了，准确来说应该是南美洲一只蝴蝶翅膀的一次挥动，可能是两个月之后大西洋上一次飓风发生的原因之一。你只能说它是"之一"，而不能说它是唯一的原因。

混沌理论要表达的关键意思是对一个系统来说，它的初始条件有一点微小的改变，可能在一定时间之后，会导致最终的状态与没有初始条件改变的情况，有非常大的区别。对三体问题来说，如果三个小球的初

▍蝴蝶效应：南美洲一只蝴蝶扇动翅膀，可"导致"北美的一次龙卷风。

始条件有一点微小的改变，比如初速度或位置的些许不同，就可能导致三体系统之后运行状态的天壤之别。

　　而且在很多情况下，三个小球的运动轨迹看上去是完全无规律的。这就导致了一个问题，比如你让我预测三个小球在一个小时或者一天之后所处的位置。如果我的计算在开始时就有了 0.001 的误差，那会导致计算所得的一个小时之后的情况误差达到 100，而一天之后的误差就可以达到几万几亿了，所以导致计算结果毫无意义。而且，庞加莱和其他数学家后来还证明，一般的三体问题是不可能有解析解的，即不可能写出一个或任意有限多个基本函数来表示三体问题的小球运动轨迹。

　　1912 年，芬兰的数学家桑德曼证明了存在一组无穷级数，可以逼近三体问题的解，即该级数可以无限地逼近最终的精确结果。但可惜的是，他的这个级数的收敛速度非常之慢。曾经有人计算过，如果要用桑德曼的证明结果来对天体的运动轨迹进行预测，且能够在天文学上产生有效的观测作用的话，那么计算的次数将至少是 $10^{8000000}$ 数量级。这个数字就是现在看来也是大得吓人，所以在天文观测上，桑德曼的证明结果完全不能产生任何使用价值。基于以上种种情况，后来的数学家只能将目标转为寻求三体问题中的一些特例。

前面也提到过欧拉和拉格朗日都发现过三体问题的一些特殊解，在这些解中，小球的运动轨迹呈循环结构，具有一种规律且周期性的运动的状态。但长久以来人们仅发现了三类周期解。2013 年塞尔维亚的研究者米洛万舒瓦科夫和迪米特拉什诺维奇，借助电脑又发现了十三类新的特殊解。他们给这些图案的命名也非常有意思，都是根据质点运动的轨迹的形状来命名的。比如说有的命名成"飞蛾"，就是因为小球运动轨迹线很像飞蛾的翅膀上的纹路。有的命名成"蝴蝶"，因为它有点像蝴蝶的翅膀，甚至还有一个命名为中国古代的"阴阳"，因为小球的运动轨迹很像阴阳八卦图中，黑白图案交界的那条曲线。

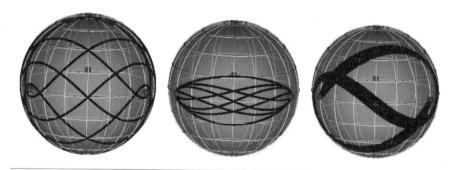

塞尔维亚研究者发现的十三类三体问题周期解中的三类，从左至右依次为"飞蛾""蝴蝶"和"阴阳"。

2017 年，上海交通大学廖世俊教授的研究小组利用超级计算机和一种全新数值模拟策略，发现了三体问题 600 多个全新的周期解家族，这一下子把三体问题周期性解的数量提高了 2 个数量级。为做精确模拟，其计算量之大不得不动用了天河 2 号超级计算机，共进行了 1600 万次搜寻计算。这是中国人对这个古老问题的一大贡献。

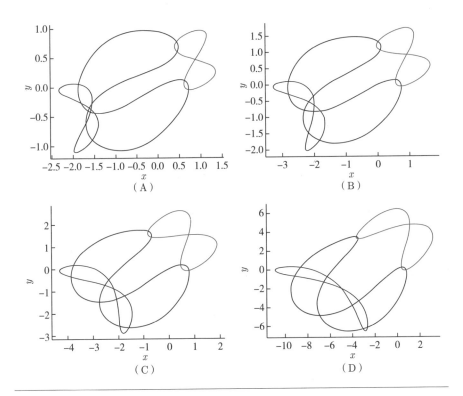

廖世俊教授研究组发现的几种三体运行周期解。

希望读过本节，你下次看《三体》小说时能有更多感悟！

✏️ | "若积跬步，必至千里"——埃尔德什差异问题 |

临近毕业季，你的学校有一个奇怪的毕业仪式，同时也是一个极具挑战性的任务，你只有完成这个仪式，才算正式毕业。这个挑战是这样的：

你站在学校操场上的某个位置，任务就是绕操场走完一圈。但有个规则是，你的某个同学会给你准备一大堆排好顺序的指令卡，每张卡上写着 +1 和 -1 这样的数字，意思是你将根据数字顺时针或者逆时针前进一步。这些指令的顺序到底怎么排列，完全是由这个同学指定的，而你必须按照这个同学给你准备的指令顺时针式逆时针走。但不管是顺时针还是逆时针行走，只要走完操场一圈就算完成挑战。你可能会说，如果这个同学坑我，他给我的指令就是 +1，-1，+1，-1，这样交替排序的指令，我不是永远走不完了吗？

操场挑战：你必须按同学给的指令走完操场一圈才能毕业。

但你有个便利条件，你可以在开始挑战前事先看一下同学给你排好的指令卡，并从中挑选一个等差序列，作为将要执行的指令排序。比如，如果你选择的公差为 1，那就表示你准备执行第 1，2，3，4 号指令。如果选择公差为 2，那你就是要执行第 2，4，6，8，10 号指令，等等。如果那个同学给你 +1 和 −1 的交替序列，那你显然可以选择公差为 2 的指令卡序列，这样你可以飞快地倒走一圈，完成挑战。当然，如有必要你也可以选择公差为 100 的指令卡序列，那你就是要执行第 100，200，300，400 号指令，只要你需要，你可以要求同学给你任意长度的指令卡序列。

但这次有一个不利条件，给你准备指令卡的是你在学校里的死对头。也许是因为上次考试时，你没允许他抄某道数学题的答案，他准备好好坑你一下。他精心准备一个序列，希望你无论选择什么样的等差序列，都无法完成走完操场一圈的任务。现在的问题就是，在这样的一场对抗中，是你，还是你的死对头赢面大？你的死对头有没有可能找出这样一个序列，无论你从中选择什么样的公差，都无法顺时针或逆时针走完操场一圈的序列？

以上这个问题就是"埃尔德什偏差问题"。先剧透一下，问题的答案是你必赢，即无论你的死对头怎么构建序列，你总可以从中找到一个等差子序列，使得里面的 +1 和 −1 能够累加到足够多，让你能走完操场一圈。理论上是想走多远就走多远，走完地球一圈都行。

这个埃尔德什，就是在"幸福结局问题"一节中也提到过的那个埃尔德什。另外，这个问题在网上经常被叫作"埃尔德什差异问题"，但我觉得叫"偏差问题"更准确，也更容易理解。你也看得出，其实这个问题是在问，这种 +1 和 −1 互相抵消或积累之后，与起点的偏差到底可以有多大，所以我就叫它"埃尔德什偏差问题"。

这个问题看上去有点复杂，我们还是先看简化情况。比如，这个序列不是刻意安排，而完全是随机产生的，结果会如何？首先我们知道在这样的序列中，+1 和 −1 的数量必然是差不多的，否则哪怕 +1 比 −1 多 0.1%（姑且不论这个"多"字的含义），那不用选，只要依序执行足够长的序列之后，必然可以走出足够远。所以我的死对头肯定会让 +1/−1 一样多，那如果挑战改成丢硬币方式，正面向前走一步，反面向后走一步，我有可能走完操场一圈吗？

答案可能的，这里要用到"（一维）随机游走"理论，根据这个理论，在丢 n 次硬币后，你离起点的距离大约是 $\sqrt{n}$。如果走完操场要 400 步，你差不多在丢 $400^2 = 160{,}000$ 次硬币之后才比较有机会走完操场一圈，所以你还是不要做这个实验了。不过你可以试试挑战 5 步或者 10 步距离的，这是完全可以的。

随机游走理论

以上是纯随机序列的情况，但是要考虑到我的死对头肯定会刻意"规划"这个序列。如果他非常聪明，是不是能控制这个偏差，使得偏差总小于某个值呢？如前面所说，如果是 +1 和 −1 交替出现，那部分之和必然小于等于 1。但是这样的序列规律太明显了，我一眼就能发现。只要取奇数或偶数项，所得子序列部分之和必发散。所以就有人提出来，能不能找出这样一个序列，使得从任何一项开始，取等差序列，比如取第 a，$a+r$，$a+2r$，$a+3r$ 等，这几项累加会如何？能否控制住偏差？

关于这点，在 1927 年，出现了一个"范·德·瓦尔登定理"，它告诉我们，如果把自然数分成若干有限多的"类"，或称"子集"，则必可从这些子集中找到任意长度的等差序列。这个定理提示上述问题的结论是——控制不住偏差，偏差是无界的。而到 1964 年，有人还找到了确切的发散速度是 $\geqslant cn^{\frac{1}{4}}$，其中 c 是某个正数。也就是说在任意 +1 和 -1 的序列中，总可以从中找到一个任意长度的等差子数列，使得这个数列的部分和的绝对值足够大，而且至少是与长度的 1/4 次方成正比。

经过以上分析，我们知道，序列如果是纯随机的或者可以从任何位置开始选择的等差序列，积累的偏差都是发散的。1932 年，埃尔德什就把规则再稍微强化一下，改为必须从序列开始处选择一个等差序列，结果会如何？他的意思是，比如你选了公差 2，那你就必须把第 2 项作为等差数列的第一项，然后选择 2，4，6，8 等项累加。若选了公差 100，则必须把第 100 项作为第一项。而之前你是可以选择任何一个位置开始的。这个问题经过这样小小的改动，一下子难了许多。

埃尔德什确实是很会提出猜想的人，1932 年的时候，他才 19 岁，就提出了这么一个很天才的猜想，而且他自己也朝着正确的方向猜想了，这个偏差是可以达到任意大的。埃尔德什一生提出过无数猜想，很多到现在还没有解决，并且他还喜欢给数学中的难题掏钱悬赏。他就曾给这个"埃尔德什偏差问题"出过 500 美元进行悬赏，可惜在他生前没有等到这个问题的解决。

后面的讨论为简化起见，我先声明几个术语的使用。首先，这种 +1 和 -1 构成的序列，之后就称为"符号序列"，因为它们就是正号和负号构成的序列。而等差数列，我有时会称为"算术序列"，这应该是教科书上讲过的，而等比数列相应地也被称为"几何序列"。而那种第一项是公差的算术序列，被称为"齐次算术序列"。所以，"埃尔德什偏差问题"就是问一个充分长的符号序列，其中能不能找出一个"齐次算术子序列"，使得这个子序列的部分和的绝对值可以任意大？以下提到的"序列的偏差"或者"埃尔德什偏差",就是在以上条件下,最终求得的一个绝对值。

我们先考察一下偏差值较小的情况。比如,我要求偏差是1,那显然序列只要1个数字就可以。有+1或-1,那你的偏差马上就达到1。

我们再来看看偏差是2的情况。此时我们考虑的是,如何找到一个最长的序列,使得偏差能控制在1,而不能达到2。这是一道很有意思的智力题,有点像数独,我可以告诉大家答案是11。思路是这样的,比如序列第一个数字你可以取+1,那么你马上知道第二个数字必须是-1,否则前两个数字都是+1的话,加起来就马上达到2了,所以我们第二个数只能取-1。而第2个数字取-1之后,我们知道第4个数字必须取+1,否则第2和第4项相加变-2,那偏差也到2了。而第四个数字取+1之后,我们知道第三个数字必须是-1。第三个数字确定是-1之后,我们又可以相应确定第6个数字,等等。以此类推,如同玩数独一般,你可以填到第11个数字。但是你在填第12个数字之后,就会发现玩不下去了,你无法继续把偏差控制在1上了。这也可以理解,因为12的因子比较多,所以比较多的算术序列都会用到它的值,产生矛盾在所难免。

看上去找到偏差为1的最长序列并不太难,但是找到偏差为2的最长序列却是难得出奇。在埃尔德什提出这个问题之后的80多年时间里,人们都不知道偏差为2的最长序列是不是有限长的。直到2014年,才有人用计算机找到了这个偏差值为2的最长符号序列,它的长度是1160。别看这个数字不大,电脑计算产生的中间文件大小达到了13G,当时号称是数学中"最长"的证明。后来他们把证明"简化"到只需要850M

的数据文件，当然这个简化是需要打引号的。

　　总之，用计算机暴力搜索解决问题的话，偏差为 2 已经是极限了。同样之前的研究者也尝试计算了偏差为 3 的情况。他们搜索到符号序列长度为 13,900 的时候，偏差还是为 3，但不知道是不是最长的，他们就放弃了，因为感觉后面的计算实在是没有尽头的。

　　用计算机辅助的方法是走不通了，那就要用一些有技巧的方法了。首先数学家发现要考察这种符号序列的偏差，可以考虑一种叫"完全积性序列"的性质。完全积性序列是这样的数列：这种数列的素数项是任何定义的，但是合数项的值，必须是这个合数进行因子分解所得的素数项的乘积。比如，12 可以分解为 $2^2 \times 3$，那么"完全积性数列"$A(n)$ 的第 12 项 $A(12)$，必须满足 $A(12)=A(2)^2 \times A(3)$，其实自然数序列本身就是一个完全积性序列。

　　而恰好还有一个很著名的数列，它就是符号序列，又是"完全积性序列"，这就是"刘维尔函数"。刘维尔函数的定义很简单，它的定义域是自然数，而值域只有 +1 和 −1 两种可能，所以它是一个符号序列。它的定义是：一个自然数的素因子数目如果是 n，则对应的函数值就是：$(-1)^n$。

　　比如，如果 n 是素数，那它的素因子数目就是 1，那么函数值就是 $(-1)^1=-1$。如果 $n=12$，因为 $12=2\times2\times3$，素因子数目是 3，那么 12 对应的函数值就是 $(-1)^3=-1$。显然，刘维尔函数是一个"完全积性函数"，而且是一个符号序列。经过简单的推导，你会发现一个"完全积性函数"的符号序列，它的前 n 项和的累加程度与埃尔德什偏差的增长程度是一样的，大家可以自己思考一下为什么。

$$\lambda(n) = (-1)^{\Omega(n)}$$

（上式：刘维尔函数的定义，其中 $\Omega(n)$ 是 n 的素因子个数，包含重复的）

也就是说，如果可以证明刘维尔函数的部分和是发散的，那就等于证明了埃尔德什偏差是任意大的。但是至今也没有人能证明刘维尔函数的部分和是发散的，倒是发现这个结论会是"黎曼假设"的一个推论。即从黎曼假设可以推出刘维尔函数的部分和是发散的，然后可以继续推出埃尔德什偏差可以是任意大的。

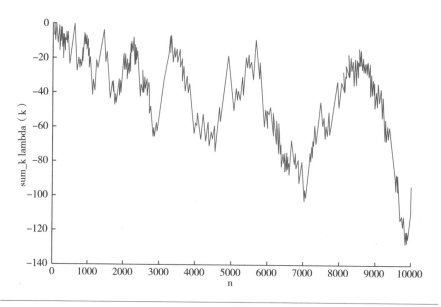

刘维尔函数前 n 项之和的图像，直到 $n=10,000$。1919 年，乔治波利亚猜想刘维尔函数部分和 ≤ 0，但 1980 年，日本的田中实在 $n=906150257$ 时找到反例。

但是，众所周知，黎曼假设实在是太难了。如果我们单纯等待黎曼假设的证明，那么埃尔德什偏差问题也就像那些成百上千个依赖黎曼假设的命题那样，沉淀在故纸堆中，如同黎曼假设的陪衬或者祭品一般。

但是数学家并没有放弃，他们发现还有另一种完全积性函数，叫"狄利克雷特征"。它与刘维尔函数的最大区别是只要它的序列平均值是0，那么它就是有界的，所以"狄利克雷特征"函数是可能被用来构造埃尔德什偏差问题的反例的。而其中最接近能作为反例的是在 2010 年，三位研究者找到的一个与狄利克雷特征函数有关的符号序列，它的部分和增长速度只有 $\ln n$ 那么快。这要比全随机的符号序列的增长速度 $\sqrt{n}$ 慢多了。不过还好，他们并没有找到有界的无穷符号序列，所以不是真正的反例。

以上差不多是 2010 年之前，有关埃尔德什偏差问题的研究情况。2010 年有个重大转折点是 Polymath 项目的出现。Polymath 是一个在线开放的数学研究平台，主要创始人之一是英国数学家高尔斯，他也是菲尔兹奖得主。他在 2010 年，把埃尔德什偏差问题纳入

ploymath 计划

Polymath 计划，作为这个计划的第 5 个课题。而且他发表了一系列文章，介绍了这个问题当前的进展和他个人的一些想法。

自从这个问题被纳入 Polymath 计划之后，人们对它的关注度一下子高起来了，很多人也在该网站上发表了对这个问题的见解，有些看上去是很有希望的思路，但还是差一点。2015 年，戏剧性的一幕发生了。同样是 Polymath 主要发起人之一的数学家陶哲轩在个人博客上发表了一篇文章，其主题是有关刘维尔函数和莫比乌斯函数中出现的符号模式的。而陶哲轩也在博客中提到了，他们发现这个刘维尔函数中

出现的符号模式，跟玩数独有点像。

这篇博客发表不久，就有一位署名"Uwe Stroinski"的用户留言了，这个用户也是 Polymath 项目的长期关注者。他留言说，你这个思路可不可以用来解决埃尔德什偏差问题呢？那个问题跟刘维尔函数非常相关，而且也有玩数独的感觉。当时陶哲轩没有想太多，就直接回复：不行。但是不久之后，他发现自己错了，答案应该是行！而且是已经非常接近最终答案了。

据陶哲轩本人说，他是在某天下午等待他儿子上钢琴课的时候想通这一证明方法的。他自己解释这个证明方法有点像变戏法，好比一个魔术师给了观众两个选择，看似观众可以选，但其实魔术师早有安排，一切尽在魔术师的掌握中。

具体来说，就是把符号序列分成几个条块，然后按照条块依次检查这个序列。当你取到其中一个序列时，两种情况必发生其一：一个是这个条块产生的偏差足够大了；另一个情况是你不希望偏差变大，那你就要让序列的"熵"变小。这里的熵是"信息熵"，即反映序列的随机程度。随机程度越小，熵值越小。但是熵值再怎么小，也不可能小于 0。所以终于会在某个时刻，你发现熵值无法再减小，只能让偏差增大到目标程度。

陶哲轩在想通这个方法后的一个月就把证明整个写出来发表了，可谓神速，时间是 2015 年 12 月。他也特地回到博客上，感谢了当初那个给他留言的人，Uwe Stroinski 其实也是一名大学数学讲师。这样，埃尔德什偏差问题，在 83 年之后，圆满得到解决。陶哲轩本人其实跟埃尔德什也很有缘分，在陶哲轩还只有 10 岁的时候，就跟时年 72 岁的埃尔德什见过面，因为那时陶哲轩已有神童之名了，所以埃尔德什也闻其名与小神童会了一面，留下了一张珍贵的合影。虽然2015年埃尔德什早已去世，但是我想埃尔德什应该也很欣慰，自己的猜想能被当年自己指点过的小神童解决。

埃尔德什与陶哲轩的合影，1985年。

最后，埃尔德什偏差问题解决了，是不是这个问题就没什么可研究的了呢？远远不是。比如，我们还不知道如何使一个序列的偏差增长是最慢的。我们知道对特定的偏差，一定有一个最长序列。前面我们知道对偏差 2，长度 11 的序列是最长了，再接下去偏差就必定到 3 了。但是能够保持偏差小于等于 3 的最长序列到底是多长呢？还完全不知道。因为陶哲轩的证明用的是"存在性"证明，不是构造性证明，他的证明并不能告诉我们怎样的序列能把偏差增长控制得最慢。

之前提过，目前能控制的最慢的偏差增长速度是 $\ln n$。也就是说，如果你走完一个操场需要 400 步，使用这种序列构造方法的话，差不多可以找到一个长达 e^{400} 次方的符号序列，使得其偏差小于等于 400。但是给了你这个序列，你也没有一个比按公差 1，2，3，4 这样依次尝试更快的方法，去找到一个最大的偏差子序列。所以从一个给定序列里，快速找到有最大偏差的算术子序列，大概又是一个很难的课题。

关于埃尔德什偏差问题，我觉得它最有意思的地方在于，它涉及的方面很多。从数论领域里的"积性函数"到"黎曼假设"，最后的解决竟然还用到香农的信息论，这实在是太奇妙了。古人告诉我们"不积跬步，无以至千里"，这好像是说"积跬步"是"至千里"的必要条件。但现在数学家证明了只要"积跬步"必能"至千里"，它是一个充分条件，希望你下次读到这篇古文时能有新的理解！

思考题 大老李陪你一起"玩"

请你完整地写出长度为 11 且偏差不超过 1 的"符号序列"（本节条件下的符号序列）。

✎ | 一场由"无穷小"引发的危机 |

现在我们来讲讲"第二次数学危机"是如何被化解的。关于"三次数学危机"的说法虽然非常有名（但好像仅限于中国），但并没有很正式的"官方"认可，只是大家都这么说。第一次危机是有关无理数的出现；第二次是微积分的基础危机，具体来说，就是关于无穷小的；第三次是由罗素悖论引发的危机。这三次危机或多或少都是与"无穷"这个概念有关的，下面让我们看看第二次数学危机，这次危机的重点是关于"无穷小"这一概念。

大家在学微积分的时候，可能会出现以下这种疑惑。比如，关于"导数"这个概念，老师会说，所谓导数，就是一个函数，当它的自变量 x 变化很小时，函数值变化与这个自变量 x 的变化量的比值就是导数。但这两个量从形式上看就是 0 除以 0 嘛，怎么能算出一个具体的值呢？比如，当年贝克莱主教说的一个例子，各位上课时肯定是看到过的：计算 $y=x^2$ 的导函数。

老师说，让 x 有一个增量 Δx，然后计算 y 的增量就是 $(x+\Delta x)^2-x^2$。再让这个 y 的增量取除以 x 的增量 Δx，化简之后得到 $2x+\Delta x$。最后让 $\Delta x=0$，得到 $y=x^2$ 的导函数是 $y=2x$。这个计算过程确实美妙，但是在计算过程中，Δx 曾经是作为除数的，也就是它不能等于 0。但是到最后一步，你又让 $\Delta x=0$ 了，这怎么可以呢？难怪贝克莱主教说，微积分是基于"双重错误"得到的一个正确结果。这个 Δx 一会儿不是 0，一会儿又是 0，到底是怎么回事？对于这个问题数学家必须给出一个明确的解答。

这么明显的问题，微积分的发明者牛顿和莱布尼茨不可能注意不到。牛顿一直没有很好地回答这个问题，前后的观点也多次反复。最早时，牛顿说 Δx 是一个常量，后来又说是"趋于 0 的变量"，再后来则说是"两个正在消失的量的最终比"。

莱布尼茨则更为直接地面对了这个问题，他直接定义了"无穷小量"的概念：无穷小是一个绝对值比任何正数都小，但是不等于 0 的常量。可以对这个无穷小量进行四则运算，他也通过这种无穷小量的概念，定义了微积分中的所有基础概念。甚至于莱布尼茨还写了一本著名的书，就叫《无穷小分析》。但是这个无穷小常量的概念实在是生造的，太不自然了，所以根本不能说服反对的人。因为无穷小量像是 0，又不是 0，贝克莱主教称它是"已死的量的幽灵"，是一种若有若无的含糊状态。

牛顿和莱布尼茨这两位微积分的祖师爷没能解决这个问题，但他们后继有人。首先是 18 世纪早期的苏格兰数学家麦克劳林对贝克莱的指责做了重要回应。麦克劳林采用的是一种复古的方法，即使用古希腊人在几何问题中常用的"穷竭法"。当年阿基米德就是用穷竭法来推导出圆面积公式的。麦克劳林试图用几何概念来一步一步推导出微积分里的每一个新概念，但可想而知这种方法是极为冗长乏味的。

而且使用几何方法的局限性也很明显，因为我们的空间只是三维的，如果一个函数是 1 到 3 次方的还行，超过这个范围的话，用几何方法推导实在是太困难了。18 世纪，大多数数学家对他的推导不感兴趣，原因就像是我们已经有计算器了，如果还是强迫你使用算盘或者手算，你肯定不喜欢。尽管你不知道计算器的原理，也有人说计算器基础不完善，但在实践过程中，没有人会喜欢老旧且繁复的方法。

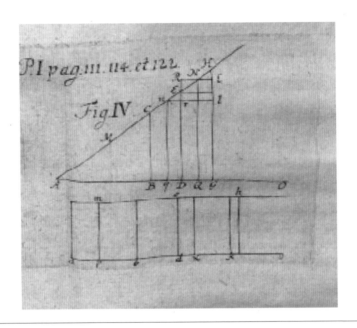

麦克劳林发表在杂志上的有关"流数"的解释图。

差不多与麦克劳林同时代的法国数学家达朗贝尔也试图说清楚什么是无穷小量。他不承认无穷小量的存在，而认为微积分学讲的是求"最初比"和"最终比"的方法，即求出这两个比的极限的一种方法。这里的一个关键词就是"极限"，可惜他没有摆脱几何方法的束缚，所以没能清楚地定义什么是极限，但他的这个思路无疑是正确的开端。

又过了几十年，法国数学家拉格朗日再一次尝试解决微积分的基础问题。这一次，他想完全"干掉"无穷小量，但是他回避了极限的概念，想用无穷级数来处理所有问题。拉格朗日在 1797 年出版的《解析函数论》中，其副标题是这样写的："远离无穷小或消失的量，或极限，或流数的任何考虑，而归结为有限量的代数分析。"这个标题足以说明他的主要想法。但是丢了极限，就等于把一个利器也丢掉了。如此产生的结果，仍然无法达到他预想的严谨化的效果。比如，按他的方法，在无穷级数求和之前不用考虑它是否收敛，所以求和是相当随意的，这就会产生很多有歧义的结果。但是拉格朗日的工作，对微积分最终摆脱几何的束缚是十分重要的。

再之后就到了 19 世纪，这里首先要提交的是意大利数学家波尔查诺，他第一个给出了连续函数的定义，而且他也指出连续函数的定义是存在于极限概念之中的。不知道大家是否还记得课本里关于连续函数的定义，我记得是这样的：一个函数在某个点的左极限等于右极限，且等于函数在这个点的函数值，则称：函数在这个点连续。

你有没有觉得这个定义好繁复，细思极恐。你需要知道什么叫左极限和右极限，当然还需要知道什么是极限。但"连续"是如此直观简单的概念，你认为应该有更简单的定义吗？但是三思之后，你会发现确实没有其他更好更严谨的方法去定义连续了，除非你又要求助那个无穷小量。这样你就能看出极限概念的重要性了，没有极限，你连什么是"连续"这么一个简单的定义都解释不清楚。

波尔查诺之后，终于等到了一位里程碑式的人物，就是法国的柯西。相信在大家的高数课本里，柯西的名字大概是出现次数最多的。有人说微积分实际上被发明了两次，第一次是古典微积分，由牛顿和莱布尼茨发明。而第二次叫"极限微积分"或"现代微积分"，主要创始人就是柯西。现在我们课本里给出的微积分定义，其实都是极限微积分，其中大多数定义的基本形式都是柯西最先给出的。可以说柯西是现代微积分的奠基人。冯·诺依曼曾说"（微积分）严密性的统治地位基本上是由柯西重新建立起来的"。

柯西对微积分的最主要贡献就在于他定义清楚了极限概念，并且第一个使用有关"极限"的经典描述，它的开头是："对任意小的……存在一个……使得……"但柯西的解释也有一些小的缺陷，一方面是著作中没有用标准化的语言；另一方面没有建立"一致连续"和"一致收敛"的概念，因而产生了一点错误。这方面的错误就要由接下来介绍的德国数学家魏尔施特拉斯来解决了。

魏尔斯施拉斯在数学分析里最大的贡献在于以 ϵ-δ 语言系统建立了分析学的严谨基础，基本完成了分析学的算术化。而且他是一位非常尽责的大学数学教师，魏尔施特拉斯把他的有关微积分的规范化的研究都放在了他的课堂教材中，这对学生来说大有裨益。魏尔施特拉斯教出的学生中，后来成为大学正教授的就有近一百人。考虑到当时任职德国大学正教授的难度，这是一个很惊人的数字。随着他的教学和他学生的工作，他的观点和方法被传播开来，他的讲稿中的内容也成了数学严格化的典范。

至此，经过约 200 年的时间，数学家们终于清除掉了"死掉的量的灵魂"，把微积分建立在严格的分析基础之上。后来不久，数学又迎来第三次危机，这是题外话，此处不表。

网上有人还提出了另一个有意思的问题：学过微积分的人都知道，用微积分计算出来的结果是一个精确值。但问题是，似乎没有人告诉我们，为什么结果会是精确值？因为从微积分的很多表述上看，计算结果似乎不是一个精确值，比如，"无限趋近于""存在……使得……与……之间的差可以任意小"。这些用词给人的直观感受是，微积分的结果是一个近似值。比如，我们用微积分推导出的圆面积公式 πr^2，好像是说，这个公式算出来的值"无限趋近"于圆面积，而不是等于圆面积。这也是我们可以在"民科"网络论坛上经常看到的一个争论话题。

我们当然知道微积分计算所得结果并不是近似的，这里我就来证明一下：当两个量之间的差可以任意小时，这两个量就是相等的。第一步我们要定义清楚，什么叫"一个量无限接近另一个量"或者"一个量与另一个量的差可以任意小"。不妨把命题涉及的两个量称为 x 和 y，现在已知 x 和 y 的差可以任意小，需要证明 $x=y$。

首先搞清楚，什么叫"差可以任意小"。我们当然不能用无穷小量，否则贝克莱主教又要找碴了。那可以改用极限语言来描述："对任意小的 ϵ，存在一个 δ，在某种情况下，总是有 $|x-y|<\epsilon$。"这里我说"某种情况下"，是原命题的缺陷，原命题中，x 是什么东西并不明确，但这句话的意思就是"x 和 y 之间的差可以任意小"。

我现在开始用反证法：设 $x \neq y$，也就是 $|x-y|$ 有一个大于 0 的值，比如说 d。那么，存在一个 $d/2$，任何情况下，你没办法使得 $|x-y|<d/2$ 了，这就与 x 与 y 之间的差可以任意小矛盾了。所以假设不成立，因此只有 $x=y$，证毕！以上证明，虽然不是完全严谨的，但我自认为足以说明所谓"差可以任意小"，其实就是说两个量相等。

如果你还是不满意，我还可以举一个"实践"中的例子。你可能听说过"芝诺悖论"，其中一个悖论是说你走不完一段路。因为你要走完一段路，就必须先走完一半，一半的路还有一半，如此循环下去是没有尽头的，所以走不完。其实你会发现，当你不断走完一半又一半的路途后，你与终点的差距可以是任意小。而我们

芝诺悖论

确实能"走完"一段路，所以我也"实践证明"了，任意小的差就是相等！

好了，希望以上解释你能满意。也希望你现在有足够的信心，去使用微积分解决问题了！

思考题 大老李陪你一起"玩"

有人说，如果说差值任意小就是相等，那 $y=1/x$ 曲线会与 x 轴和 y 轴的距离可以是任意小的，那么难道说 $y=1/x$ 曲线会与 x 轴和 y 轴相交？问题出在哪里？

我"几乎"懂了

我们来聊一个数学术语：几乎，这个看上去并不"科学"的词！你能回忆起来，哪些数学命题中会用到"几乎"，英文叫"Almost"这个词吗？是不是"几乎"就要想起来了？我来提醒你一下，你可能听过这么一个命题：实数几乎都是无理数。是不是听上去有点奇怪，

无穷基数理论

有理数那么多，凭什么说"实数几乎都是无理数"？有理数表示不服。但如果你知道"无穷集基数"这个概念，就不会感到太惊讶。因为有理数是可数集，也就是它的数量与自然数是一样的。但是实数是不可数集，这就说明无理数的数量在实数集合中起到了决定性的作用。

关于这一点还有一个更为直观的证明，也足够颠覆常规思维模式。你可以想象有一条数轴，上面每个点表示一个实数。然后把有理数先排列好，排成一个序列。因为有理数是"可数集"，所以肯定可以排队。比如，有一种简单的排队法是把所有有理数先写成分数形式，然后按分子加分母的和，从小到大排列。分子加分母之和相等的有理数，分母小的在前

面。此外，正数排在负数前面。这样序列的开头几个数就是：0，+1，−1，+2，−2，+1/2，−1/2，+3，−3…如此，我能确保每个自然数都在这个队列里面。

然后取任意一个长度为 d 的区间，用这个区间覆盖以上队列中第一个有理数 0 的位置，只要能盖住就可以了。因为"0"只是线段上的一个点，而我的区间有长度 d，当然能盖住它。之后，我用长度 $d/2$ 的区间盖住第二个数，用 $d/4$ 长度的区间盖住第三个数。以此类推，我用 $d/2^n$ 区间盖住第 n 个有理数，这样我就能把所有有理数覆盖掉。结果，你会发现一个奇妙的情况——总区间长度是有限的：$2d$！

更为奇妙的是，d 的长度是任意的，它任意小，0.1，0.000001 都无所谓。这下你会发现，居然可以用任意短的区间覆盖住全部有理数！或者这样说，如果把数轴上所有的有理数都抠出来，挨个排列在一起，问它们的宽度是多少？结果就是"任意小"，想多小就多小，是不是很颠覆直觉？我们在生活中，似乎有理数已经完全够用了，多得用不完，但其实它们在数轴上占的宽度是可以忽略不计的。至此，你应该可以相信"实数几乎都是无理数"这句话了吧？

以上是一个含有"几乎"这个词的命题，但是"几乎"不是乱用的，在数学里"几乎"是有严格定义的：说"几乎"，那就是有"例外"，这个"例外"的部分必须满足"测度"为 0。

"测度"又是数学里一个很有意思的概念，精确定义有点抽象，但你可以望文生义去理解：所谓测度为 0，就是从测量的尺度来说，它的结果是 0。比如前面，我们其实就是测量了一下有理数集的大小，发现它相对于实数集来说，大小就是 0。你把有理数加入任何一个有无穷元素的集合里，最终都改变不了集合的大小，像是加入了"0"一样。高数课上，老师也许会提到"某函数几乎处处可导""这个级数对所有 x，几乎都收敛"等命题，你可以体会一下，老师说的具体例子中，其中例外的情况是否满足测度为 0。

再说一个简单的例子"几乎所有的自然数都是合数"，也就是素数集与自然数集的大小相比的话，测度为 0。为什么呢？大家知道，根据"质数定理"，在前 n 个自然数中，素数的个数大约是 $n/\ln n$ 个。也就可以知道，在前 n 个自然数中，素数个数相比于 n 的话，其比值大约是 $1/\ln n$。那么当 n 变大后，这个比值趋向于 0，所以我们可以说，"几乎所有自然数都是合数"，但是素数一点不会嫉妒。素数可以说："我们虽然少，但是我们重要啊。"物以稀为贵，人们还是喜欢研究素数。

再说几个数学里比较著名的，含有"几乎"这个词的命题。比如，图论中，有两个有趣的命题，一个叫"几乎所有的有限图都是非对称的"；另一个叫"几乎所有的无限图都是对称的"。这里的"图"是指由点和点

图G	图H	从图G到H的同构映射σ
		$\sigma(a)=1$
		$\sigma(b)=6$
		$\sigma(c)=8$
		$\sigma(d)=3$
		$\sigma(g)=5$
		$\sigma(h)=2$
		$\sigma(i)=4$
		$\sigma(j)=7$

图 G 与图 H 是同构的，右边列出了一种可能的映射方案。

之间连线构成的集合。当然，这里的"对称"不是几何意义上的对称，否则，随便画个图恰好能对称的概率当然是 0。图论里的对称是指"自同构"，即可以构造出这个图的点到自身的一个映射，每个点都能映射到自身的某个点。映射的结果是：原先两个点之间有连线的，映射后仍然有连线；映射前没有连线的，映射后仍然没有连线。如果能找出这种映射，我们就叫这种图是"自同构"，或称"对称"。当然，这个映射不能是"恒等映射"，即不发生变化的映射。

前面的命题就是说，如果一个图是有限多个点，那么当点数越来越多后，自同构的概率就趋向于 0 了。但是如果允许一个图有无穷多个点，那么它几乎就 100% 是自同构了，这种图通常被称为 Rado 图。特别是，如果点数是可数集的，那么这种图就"几乎"是自同构了。有兴趣的读者可以自行研究一下。你可以自己脑补一下一个有无穷多个点的图，然后思考为什么它总是能自同构，如果你晚上睡不着时想这个的话估计很快能睡着。

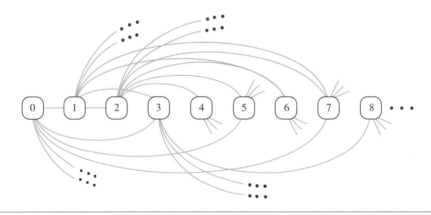

Rado 图示意，它有可数的无穷多个点，每个点的度数也"几乎"是可数无穷的。

最后说一个最为颠覆思维模式的东西，叫"康托集"（Cantor Sets）。

前面说过一个命题叫"几乎所有实数都是无理数",你可能认为这是因为有理数太少了,是可数集,所以它测度为 0。那我现在给你一个集合,它是不可数集,但是它的测度也是 0。这个集合可以这样构造:

考虑实数集上 [0,1] 的一个闭区间,等分为三段,把中间一段去掉,就是把 $\left[\frac{1}{3}, \frac{2}{3}\right]$ 这段挖掉,我约定两个端点也挖掉。这样你就剩 0 到 1/3 和 2/3 到 1 两段。然后我对这两段做同样操作,也是三等分,挖掉当中一段,如此重复下去。你会发现第 n 次操作后,还剩下的区间长度是 $1/3^n$。当 n 趋向无穷的时候,区间长度就趋向于 0 了。但最终是不是有些点是肯定能保留下来的呢,除了端点 0 和 1 之外?答案是有的,比如 1/4,不信你可以自己尝试一下前几步的操作。除了 1/4,还有很多这种类似的点。

康托集构造示意图。从上至下,白色是"切除"的部分,黑色部分是集合中剩下的部分,越往下,黑色部分就越少,到最后"几乎"没了。

就本质来说,如果把一个数写成三进制小数的话,只要结果里不含有 1,那么它就不会被挖掉。比如,1/4 写成三进制小数就是 0.020202… 所以它不会被挖掉。类似地,其实 0.2,0.02,0.22 等,都不会被挖,这下你忽然发现不被挖掉的数其实好多啊!你想 0 到 1 之间,任何一个小的区间内,都有无穷多个数的三进制小数是可以不含有 1 的啊。然后康托还用对角线论证法证明,这样的数是不可数的,也就是跟实数集是一样多的。

这下，你会发现一个难以置信的结果，康托集从几何角度来讲，其宽度是无限接近0，也就是测度为0。但是从集合大小来讲，它又是与无理数或者实数是等势的，也就是它与整个数轴上的数是"一样多"的。它既让人感觉是无穷小的，但它同时又非常大，如同包括数轴上所有的数，这实在是匪夷所思！

另外，因为康托集基数与实数集等价，所以可以构造一个映射函数，完成从康托集到实数集的一一对应，它就叫作"康托函数"。这个康托函数当初就是康托为了找出一些反例，去反驳一些我们直觉上认为很自然的有关函数性质的假设是不可靠的。康托函数可以被证明是传统意义上的连续函数，且各处的导数"几乎"都是0，所以你认为这个函数图像应该就是一条水平线。但它的函数值实际是可以增长的。它的实际图像有点

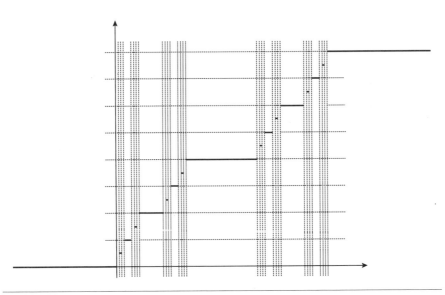

康托函数在［0,1］区间内的图像，其中发生了无数次"跳变"。

像阶梯，从一级到另一级的"跳变"点都是前面那些没有"挖掉"的点。

一致连续和绝对连续

为了这个函数，人们不得不发明"绝对连续"的概念，康托函数就是一个"一致连续"但又不是"绝对连续"的函数。

本节的内容差不多到此为止，不知你"几乎"听懂了吗？不过还是要很遗憾地告诉大家，即使你听懂了，你也没法在数学考卷上这么写："老师，这道题我几乎就做出来了。"因为老师可以这么回答："请你证明你做不出来的部分测度是0！"

✎ | 两个捣蛋的天才学生——贝尔不等式的简单数学解释 |

以下故事纯属杜撰，如有雷同，不胜荣幸。

话说大约在100年前，有一所名牌大学，学校的物理系聘请了阿尔伯特·爱因斯坦和尼尔斯·玻尔来做教授，这个物理系十分厉害。当然两位教授也很严格，他们搞了一个制度，每个学生在每天早上9点必须到某个教室集合，然后会领到一张试卷。试卷上只有一道是非题，答案只有"对"或"错"两种选择。拿到卷子后5分钟内交卷。

这项制度刚开始执行的时候，倒也相安无事。但是时间一久，两位教授就发现了一个奇怪的情况。有两个学生，他们每天上交的答案永远是相反的。一个人打钩，另一个就会打叉，反之亦然，两个人答案总是不一样的。时间一久，两位教授就觉得不对劲。他们发现这一点后，在早上学生答卷时，特意注意了一下这两个学生。发现他们不但坐得很远，而且也完全没有作弊现象。唯一一种解释就是这两个学生事先约定好了：今天我答"是"，你就答"非"，或者我答"非"，你答"是"。

这下两位教授感觉不爽了，虽然他们觉得这两个学生这么做也没什么好处，因为两人永远只能有一人正确，但是他们也不能容忍这种情况继续。所以他们修改了一下考试方法，改成每天准备三套卷子，分 A、B、C 卷，每个人随机得到一份卷子作答。这个制度执行之后，有意思的情况发生了。教授们发现，如果那两个学生拿到不一样的卷子，他们的答案就有时一样有时不一样了。但是如果那两个学生拿到了同一份卷子，不管是 A、B 还是 C 卷，答案仍然是相反的。

两个学生在考试中，他们的答案总是相反的，这是怎么回事呢？

这种情况又持续了几周后，爱因斯坦终于忍不住了。他在休息室里找到了玻尔，对他说："你看，这两个学生这么搞，不算作弊的话，那就是要挑战我们的智商。"玻尔劝道："你也别为这点小事生气了，你就当他们有心灵感应好了。"爱因斯坦有点激动地说："什么心灵感应，肯定就是事先商量好的秘密协定！"但两位教授显然都太忙了，没有精力去细究这件事情，也只好作罢。

但是不久后，这件事情传到了物理课代表，一个叫约翰·贝尔的学生耳朵里。这个约翰·贝尔很崇拜老师爱因斯坦，想在老师面前好好表现一番，所以他就开始思考，如何能找到这两个学生暗中串通捣乱的证据。

冥思苦想若干天后，贝尔灵光一现，他认为他发现了一个绝妙的方法，于是他找到了爱因斯坦。贝尔说："老师，听说你前几天为那两个捣蛋的学生有点烦恼，我找到了一个方法，可以作为他们在捣蛋的铁证。"爱因斯坦一听，挺高兴的，说："好啊，你快说说，是怎样一个方法？"

贝尔开始解释道："老师，你看，他们两个每次做同一份卷子时总是有不一样的答案，那他们每天考试前肯定是对 A、B、C 卷的答案分别做了约定的。比如其中一个无论拿到哪张卷子，总是回答'是'，另一个总是回答'非'。这是一种方法，但这个方法太明显，所以我估计他们每天会变换策略。但不管怎么变，他们能选的就是 8 种策略。比如，如果以第一个学生的答案作为一种策略名称的话，那刚才说的就是'对对对'策略，也可以有'对错错'策略，就是一个对 A、B、C 卷分别答'对错错'，另一个答'错对对'。不管怎样，一共就是 8 种策略，从'对对对'一直到'错错错'策略。这样，他们能确保拿到同一张卷子，总是答案不同。这个我们先不管，我们就关注他们拿到不同卷子的情况。

甲的试卷	甲的答案	乙的试卷	乙的答案	甲乙两人答案是否相同
A	对	B	对	相同
A	对	C	错	不同
B	错	A	错	相同
B	错	C	错	相同
C	对	A	错	不同
C	对	B	对	相同

　　上表采用'对错对'策略，甲乙两人拿到不同试卷时，答卷结果可能的组合。从表中可以看出，采用这种策略时，两人答案不同的概率为 1/3。

　　这 8 种策略里，如果是'对对对'或者'错错错'策略，那么无论他们拿到什么考卷，答案总是相反的。而如果是其他策略的话，比如表中的'对错对'策略，当且仅当两人拿到 A、C 卷组合时，他们的答案才不一样，所以他们答案不一样的概率是 1/3。这个结果不仅适用于'对错对'策略，对另外 6 种策略来讲都是一样的。

策　略	甲乙答案不同的概率
对对对	1
对对错	1/3
对错对	1/3
对错错	1/3
错对对	1/3
错对错	1/3
错错对	1/3
错错错	1

　　上表：不管甲乙采取何种策略，两人拿到不同试卷时，答案不同的概率至少是 1/3。

老师，现在您发现没有，8 种组合里，有两种组合使他们 100% 会答不同的结果，另外 6 种，使他们有 1/3 的机会在不同试卷上会得到不同结果。虽然我们不知道他们每天选择的策略是哪个，但以上推理证明，他们在做不同试卷时，答案不同的概率至少是 1/3。那我们只要把他们历史上拿到不同卷子的情况统计一下，如果两人答案不同的概率确实大于 1/3，那就是他们有串通捣乱行为的铁证啊！"

爱因斯坦一听，大喜过望："太好了，你行啊！"爱因斯坦马上把历史成绩表找了出来，让贝尔去统计。贝尔急于表功，就马上开始统计这两人历史上拿到不同试卷时的答题结果。

几个小时后，统计结果出来了，但是贝尔怎么也开心不起来。爱因斯坦就问他："怎么了，结果到底如何？"贝尔沮丧地答道："我统计出来了，结果是 1/4，这怎么可能！"爱因斯坦也大吃一惊，对这个结果十分费解。他把玻尔也叫来一起分析这个结果，结果两个教授在那里沉思半晌，也无法解释。最后玻尔说："我只能说这两个学生有心灵感应了。"

终于在接近学期结束的时候，爱因斯坦觉得是时候搞清事情真相了。他找了个时间，约那两个"捣蛋"学生到他办公室里聊一下。爱因斯坦说："你们两个知道我让你们来的原因吗？"两个学生对视一笑，说："我们知道，您是不是觉得我们每天早上做的是非题的测试答案有蹊跷？"爱因斯坦苦笑道："对啊，你们两个到底在搞什么鬼？"

这两个学生早有准备，他们同时从背后拿出了一样东西，对老师说："老师，我们的秘诀就是这个。"爱因斯坦接过这两个设备一看，发现它们是两个一模一样的量子自旋方向探测器。每个探测器都有三个档位，每个档位之间的偏振夹角不同，互相之间的夹角都精确地调为 120°，每个档位分别用 A、B、C 标注。爱因斯坦看了之后，略微点了点头，问道：

"你们是不是在哪里还藏了一个'量子纠缠发生器'？"

两个学生中的一个说道："老师，您猜得太对了。我们在教室里藏了一个'量子纠缠发生器'。而且我们设定在每天的 9 点 01 分，让它释放出一对纠缠的量子。然后我们每个人各自拿好一个探测器，探测其中一个粒子的自旋方向。但是探测前，我们会把探测器的档位调到与拿到的卷子一致的情况。比如拿到 A 卷，就调到 A 档，拿到 B 卷就调到 B 档，C 卷 C 档。之后就简单了，我们就根据测出的自旋结果答卷，是左旋就打钩，是右旋就打叉，然后就交卷了。"

爱因斯坦听过之后恍然大悟，哈哈大笑起来，说："你们两个的恶作剧让我和玻尔都很伤脑筋啊，不过你们这个捣蛋方法设计得很精妙，我给你们的成绩打 A！"

好了，我们的故事到此结束，不知您看明白没有。首先，声明一下，此故事纯属虚构，也向几位大科学家说声抱歉。我编这个故事只是为了大家能更好地理解贝尔不等式，没有不敬之意。

其次，现实中还根本没有轻便到可以让学生随便带在身上的量子自旋方向探测器，更没有那种小到可以藏在教室中的纠缠粒子生成装置，这些都是我编的，但是我觉得，也许将来它们会被发明出来，甚至能找出合理的应用价值。故事讲到这里，您可能对"贝尔不等式"还是不明就里，容我慢慢道来。

纠缠与自旋

要了解"贝尔不等式"，先要了解量子的"鬼魅般的超距作用"。你可能听说过，两个量子可以处于一种"纠缠"状态。比如，一个自旋为 0 的粒子衰变为两个以相反方向运动、互相远离的量子，则这两个量子会处于一种"纠缠"状态。其特征是当你按某一特定方向，测量两个粒子的自旋方向时，结果总是相反的——其中一个"左旋"，另一个"右旋"。但是物理学家确信在没有测量前，它们的自旋方向是不确定的（上述的故事就是对这一点的证明），那么它们是怎么做到最终的自旋方向总是相反的呢？

玻尔的解释就是，这就是某种未知的"超距作用"。就是当你检测了一个粒子之后，另一个总是能立即"感知"到你的测量，从而"决定"了自己的自旋方向。后来这被称为"幽灵般的超距作用"。不管你信不信，这就是量子物理世界里司空见惯的一种情况。

但爱因斯坦对这种解释很不满意，因为这种"超距作用"与他相对论中"任何信号不能以超过光速的速度传输"的原则相冲突。他提出了另一种解释，即"隐变量"的解释。这就好比是这两个学生之间的秘密协定，也就是说，两个粒子在分开时，建立了这种协定，确保检测自旋方向的结果总是相反的。爱因斯坦和玻尔谁也没说服谁，直到两人去世。

但贝尔确实是爱因斯坦的粉丝，他想证明爱因斯坦的隐变量理论是正确的，终于某天灵光乍现，想出了"贝尔不等式"，不过那是在 1964 年，爱因斯坦已经去世九年，玻尔也已去世两年了。

这个不等式的本质就像前面学生拿到不同考卷时的考试结果一样，如果有隐变量存在，量子在不同测量方向上纠缠程度的变化方式，必须符合一定的统计规律。这种统计规律与超距作用或者通常量子物理的解释不一样。具体来说，在存在隐变量的情况下，这种纠缠程度呈线性变化，而按玻尔的解释，则是按测量角度之间的余弦变化。

这两者的区别还是用故事中的例子说明一下。故事中，两名学生拿到不同试卷时，答案不同的概率为 1/4，这其实是将三份卷子模拟成三个偏振夹角互为 120° 的探测器。按照量子力学理论，当纠缠量子分别通过两个夹角为 120° 的探测器时，它们表现为不同自旋方向的概率是"夹角一半的余弦的平方"。那么 120° 的一半是 60°，cos60° 等于 1/2，1/2 的平方是 1/4，这就是 1/4 的来历。而故事中，贝尔分析出"两人答题不同的概率必定大于 1/3"，这就是"贝尔不等式"！

纠缠量子在探测器偏振方向一致的情况下，总会测出不同的结果，所以，这两个学生拿到同样的考卷，总能答出不同答案。而在偏振方向夹角为 120° 的情况下，纠缠量子有 1/4 的机会表现为自旋方向相反，另有 3/4 的机会自旋方向一样。这就是为什么两个学生在拿到不同试卷的时候，能够做到 1/4 比例答案不一样，3/4 为一致。而这种情形，依靠两个人事先的秘密协定是无法达到的。就像我们的贝尔同学所说，他们拿到不同试卷时，就应该至少有大于等于 1/3 的机会答案不一样，这是贝尔不等式所决定的。

但是实际结果却只有 1/4。你可以自己再思考一下，如果你是捣蛋学生中的一个，另一个是你的好朋友，你们两人有没有什么其他办法能够以事先约定的方式，达到上述两名学生的捣蛋状态？你会发现，这是不可能做到的！只要两个人在拿到试卷后无法互相交流，他们就没法做到这一点。

而拿到考卷后，可以交流的话，当然可以做到这一点。比如，两个人只要事先约定：今天拿到一样的考卷时，我打"钩"，你打"叉"。拿到不一样考卷的话，两个人随便产生一次随机数，比如说某个人直接打"钩"；另一个人则连续丢两次硬币，如果都是正面向上，则打"叉"，否则打"钩"。用这种方法，可以达到前述效果。但这种策略是需要两人拿到考卷后交流的。如果两人拿到考卷后不可以交流，那无论如何都无法实施这种策略。所以玻尔最后认为，这两人只能是有心灵感应了。

你可能会问，现实中，实验结果到底支持谁的理论呢？答案是，最近几十年来的实验结果，基本排除了隐变量的存在，实验结果完全不支持爱因斯坦的隐变量解释，而符合玻尔对量子力学的解释。2015 年，荷兰的代尔夫特技术大学教授巴斯·汉森领导发表了一篇论文，他使用了两块相距 1.3 公里（相当于两个学生在相距 1.3 公里的考场内参加考试）的金刚石色心产生的纠缠量子进行了贝尔实验。单次实验的时间仅需 1.48 微秒，比两地的光通信时间还短 40 纳秒（确保两学生交卷时间的间隔比两地光通信时间还短）。实验以 96% 的可信度证实了量子理论，从而否定了局域的隐变量理论。

最近一次比较具有轰动效应的新闻就是 2016 年 11 月 30 日完成的"大贝尔实验"。"大贝尔实验"与之前实验的唯一区别就在于让"随机数更随机"。以前的贝尔实验都是用计算机产生的所谓"伪随机数"。偏激者认为，这不是"真正的随机"，不能排除量子从"随机数"

伪随机数

序列中"找到"规律或漏洞，从而影响了实验结果的情况。因此，为了得到人们可以接受的"随机数"（也就是让两个学生拿到真正随机的试卷），有人设计了通过让 10 万名用户在线随机选择 0 或 1 的办法，产生随机序列，进行贝尔实验。实验结果当然毫无意外地再次证实了以前的结果，这次实验可谓新闻效应大于研究效应。

贝尔实验的结果是非常令人困惑和费解的（至少在爱好者看来），它太违背常理了，贝尔的初衷是想帮助爱因斯坦，但结果却否定了爱因斯坦有关量子纠缠的解释。你可能会问，这种纠缠量子的神奇机制能否用来通信？很遗憾，不行。因为量子纠缠的自旋方向是完全不受控制的，甚至它的自旋方向是一种直到检测之后才会表现出来的性质。但是量子可以让相距很远的地方的两个人分别得到互反的一串二进制代码，所以这是一种很不错的秘钥分发机制。目前我们常说的"量子通信"，主要是指"量子加密通信"，而不是使用量子纠缠达到超越局域性（超光速）的信息传输。

量子通信和秘钥分发

我自己设想的另一种有意思的应用就是用作彩票开奖，而且能远程验证。可以在很远的两处地方设置两个彩票开奖点，然后分别设置一个量子检测装置，并同时直播开奖，以接收到的量子自旋方向作为随机数。事后，两地可以把开出的随机数是否一致（互反）作为开奖结果是否真实可靠的一种证据。以这种方法开奖几乎是不可能被操纵的，而且两个开奖地点距离越远就越安全。

当然，鉴于本章我所说的这个故事，我们完全可以用"量子纠缠"做些恶作剧，也不排除将来有天才能想出用量子的这种效果来设计一些有实际价值的应用，这也将是很好的科幻小说题材。无论如何，量子世界太神秘！

| 微信群是"幺半群"？天干、地支、五行都是"群"？|

我们经常可以在数学文章中看到各种各样的"群"，比如"李群""对称群""单群"等。这些术语听上去有点高大上，但其实"群"这个概念本身却十分简单。所以我想帮助不了解"群"概念的读者，快速理解一下什么是"群"。

我的着眼点就是利用大家平时经常用到的"群"概念——微信聊天群，来解释"群"。微信聊天群听上去与数学里的"群"相差十万八千里，但根据群的定义，我改造和扩展了一下微信聊天群，看看最后能不能让微信聊天群成为一个数学里的群。

数学里的群的定义有很多项。首先，第一条，群是一个集合。这条对聊天群没有问题，我们可以认为聊天群就是一个集合，群成员就是这个集合的元素。

其次，数学里的群还有四条性质，满足这四条性质的集合就是群。让我们依据这四条性质，从最弱的性质开始——检查。

第一条性质是，群中需要有一个"二元运算"，且满足"封闭性"。"二元运算"的意思就是取两个元素进行运算。数学中的大多数运算都是二元运算，比如加法、减法、乘法、除法，但也有一元运算，比如求绝对值、倒数、开平方根等。那我们就要给微信聊天群定义一个二元运算，要求是取微信群里的两个成员进行某种运算，且运算结果仍然是群里的成员。听上去是不是有点异想天开？但我真的找到了一个符合这个要求的运算。

这个二元运算是这样定义的：现在人们一般是依靠已有的成员邀请或是分享群名片以及二维码邀请加入某个微信聊天群。如果你是群主的话，你能看到群里每个成员的信息里有"由某人邀请加入"之类的字样。也就是所有人都有一个入群的"上线"或者介绍人，除了第一个成员即群主没有。

所以，如果把群里所有人的入群关系按照公司组织架构图那样，就可以画出一棵"树"，这棵树有点奇怪，树根长在顶部。我们把最顶部的树根看作群主，群主邀请进来的成员就画在群主下面，与群主之间连条线。再邀请进来的成员就被继续画在下一层，把微信聊天群成员像家谱一样画出来。

　　我把这种运算起名叫"最近共同祖先"，与"TREE（3）"一节中的"最近共同祖先"的定义完全一样。计算方法如下：对任何两个成员，找到他们在群的"组织架构树"中的位置，然后向他们的"上线"方向回溯，找到第一个汇合的成员，则计算结果就是这个成员。如果你把微信聊天群的组织架构图想象成一个家谱的话，则这种计算就是找到两个成员的"最近共同祖先"，对不对？

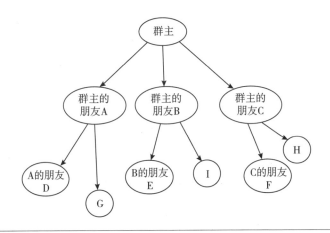

聊天群结构示意图。

　　当然我们还得对几个特殊情况定义一下。一种是，自己跟自己的直接上线，也就是你自己的入群介绍人进行这种运算，结果是什么？我的定义中，计算结果就是你的介绍人。这没有什么特别的原因，就是为使定义简单化。同理，如果你跟群主进行这种计算，那计算结果就是群主。这比较自然，因为群主之上再没有其他人了，所以定义计算结果就是群主。

　　最后，我们再定义一下你自己跟自己计算是什么结果呢？为什么"自己与自己计算"也要定义？因为答案契合了"三体问题"一节的中心思想——简化。我们在群中进行计算时，希望对任何两个元素都能进行这种运算，而无须进行任何检查（比如这两个元素是否相等），这样才够简化，对不对？自己与自己进行"最近共同祖先"运算，结果还是自己。同理，群主跟群主进行这种计算，所得结果还是群主。

好了，以上我们非常好地定义了一个微信聊天群里的二元运算，叫"最近共同祖先"。还是为简化起见，之后我会简称这种计算为"加法"，比如我会写"张三 + 李四 = 王五"之类的文字。请注意，这里我叫它"加法"没有任何特殊含义，只是为了简便。你可以用任何说法和符号来表示它，但这个运算的含义完全是我之前定义的"最近共同祖先"的运算（但你会发现，叫它"加法"还是有一点原因的）。

以上费了点时间，我们终于定义好了微信聊天群里的一个二元运算。数学中，对群要求的第一个性质是"封闭性"，即运算的结果始终在群内，也就是不会通过这种运算，得到不在群中的元素。我们检查一下我们定义的这个群中的"最近共同祖先"运算，你会发现它完美地符合封闭性的要求。无论你取哪两个群成员进行计算，计算结果总还是群成员的某一个，所以我们的聊天群就符合封闭性的性质。数学中对一个集合且有一个满足封闭性的二元运算的情况，赋予了一个名称叫"Magma"，直译是"岩浆"。中文还有一个翻译叫"原群"，大概就是很"原始的群"的意见。

我们再看数学里的群的另一条性质——原群中的这个二元运算要符合"结合律"。结合律我们再熟悉不过了，小学生都知道加法和乘法结合律，就是下式。

$$(a+b)+c=a+(b+c)$$

$$(a \times b) \times c = a \times (b \times c)$$

那看看我们定义的那个"加法"运算，你会发现它也符合结合律！请大家自行验证。数学中我们把以上符合结合律的原群叫"半群"，意思大概是我们的群已经接近群的定义一半了，所以我们的微信聊天群是一个半群。

再看之后的一个要求，半群中要有一个"单位元"。"单位元"是这样定义的，某元素与这个单位元进行运算，运算结果还是这个元素。如果我们把单位元叫作 e，那就是：

$$a+e=a \text{ 且 } e+a=a$$

你看这个单位元是不是就像乘法里"1"的作用？所以我们叫它"单位元"，有时也叫"幺元"。那我们的微信聊天群里有单位元吗？也就是我们要找一个群成员，任何人跟他进行"最近共同祖先"运算，结果还是任何人自身。

我们会很尴尬地发现，群里没有这样一个人，使得其他人都是他的上线。但是不要紧，我们可以稍微改造一下，使得我们的群里有一个单位元。比如某天，群中所有成员同意，让群关联一个小程序，这个小程序是个聊天机器人，叫"小冰"，大家邀请它进群。我们就认为"小冰"是所有人邀请进来的，所有人都是它的上线，所以"小冰"就是群里的"单位元"。是不是呢？请检查下式是否成立。

$$\text{某人 + 小冰 = 小冰 + 某人 = 某人}$$

同时，还规定："小冰 + 小冰"还是小冰。好了，这样我们的群就成功符合了第三条性质。数学家把有"单位元"的半群叫"幺半群",即比半群多了个"幺元"。

但还没有结束,要达到"群"的定义,我们还差最后一条性质需要契合:每个元素都有一个"逆元"。它的意思也很简单,前面我们刚定义了一个单位元——"小冰",现在我们要使群中的每个成员都能找到另一个成员,使得两者相加,结果是"小冰"。即:

$$某人 + 某人的逆元 = 某人的逆元 + 某人 = 小冰$$

你现在是不是能体会到它为什么叫"逆元"?因为它有点求自己"相反"元素的意味。但尴尬的是,我们的群里除了小冰,其他成员都找不出逆元。任何两个人的"最近共同祖先",不会是小冰,因为小冰不会是任何人的上线。这里我还考虑过两种可能,比如规定每个人自己加自己是小冰,这样每个元素都是自身的逆元;另一种可能是,每个人加群主是小冰,这样群主就是每个人的逆元。但是这两种想法都被我否决了,你觉得为什么呢?请自行考虑一下。

所以,我们改造微信聊天群为数学中的群的努力最终失败了,只差"每个元素有逆元"这个条件,但我们成功达到了"幺半群"。所以,你以后可以很自信地说,每个微信聊天群都是"幺半群"!

相信讲到这里,你对"群"的相关概念有了一定了解。如果需要建立一个真正的群,最简单的例子就是整数集合与加法运算的组合,对不对?其中的单位元就是 0,而每个整数的逆元就是它的相反数。但是整数和乘法不能构成一个群,请思考一下为什么?

但我们的微信聊天群还有一个普通"群"不一定具有的性质:交换律,即我们的微信聊天群中,$a+b$ 必然等于 $b+a$。数学里,把有交换律的群称为"可交换群"或者"阿贝尔群"。而我们的微信聊天群只能叫"可交换幺半群"。

此时，你肯定想知道一些"正经"一点的群的例子，而恰好我们的祖先给我们留下了一些"群"的鲜活例子，这就是天干、地支和五行。

天干、地支纪年法是中国古代的一种纪年法，比如 2018 年是戊戌年，2017 年是丁酉年，而 2019 年是己亥年。推算也很简单，十个天干——甲乙丙丁午己庚辛壬癸，十二地支——子丑寅卯辰巳午未申酉戌亥，两两组合成一对，就是这一年的年号。又因为 10 和 12 的最小公倍数是 60，所以每六十年会产生一次循环。天干、地支的第一个组合是甲子，每过六十年，我们会再遇到一个甲子年，所以我们又称六十年时间为"一甲子"。好了，天干、地支纪年法先复习到这里，下面讲一下"天干、地支"如何构成一个群。

前面讲过，群包括一个集合和一个符合一些性质的二元运算。我现在定义，所有 60 个天干、地支组合的纪年称谓构成了一个集合，接下来就要找一个二元运算。我找的二元运算是这样的一个"加法"，首先，让两个称谓相加，具体做法是找到历史上任意一个该称谓对应的公历年，把公历年的年份数字相加，查一下相加结果的公历年份数字对应的干支纪年称谓，就是加法的结果。

比如，要计算"甲子"+"戊戌"，我只要找到历史上任何一个甲子年和戊戌年的公历年份并相加就可以了。我查到公元 124 年，汉安帝延光三年是一个"甲子年"，而 1058 年北宋嘉祐三午是"戊戌年"，所以我就计算 124+1058=1182。我又查了下 1182 年，是南宋淳熙九年，是"壬寅年"，所以"甲子"+"戊戌"="壬寅"。与此类似，还有"甲子"+"乙丑"="己巳"、"丁丑"+"辛卯"="戊申"等。而且你会发现这个运算法则的神奇之处在于，它的结果并不依赖具体取哪一个公历年去对应这个干支年，不管你怎么选，计算结果都是一样的。我前面特地选数字比较小的，因为比较好算。当然你也可以一次性列出这 60 个称谓两两互相相加的 3600 种组合结果作为这种加法的定义。

以上二元运算也符合封闭性，因为无论计算结果是哪一年，它总能被干支纪年法表示，所以必定符合封闭性。

再看看是否有结合律，你会发现这也没问题，比如：

$$（甲子＋乙丑）＋戊戌 = 己巳＋戊戌 = 丁未$$

如果先算后半部分：

$$甲子＋（乙丑＋戊戌）= 甲子＋癸卯 = 丁未$$

你可以自行验证更多情况，所以这个加法也符合结合律。

接下来就是找单位元，这个问题就有意思了。也许你的第一感觉，单位元应该是"甲子"，但其实单位元是"庚申"（稍后解释原因）！不信你可以验算一下，任何一个年号加"庚申"还是其本身，所以"庚申"是单位元。

最后看一下逆元，也就是每一个年号是否能加上另一个年号，得到单位元"庚申"呢？这也是肯定的，而且是唯一的。比如，"甲子"的逆元就是"丙辰"，而今年"戊戌"的逆元是"壬午"。

到此为止，我们发现天干、地支纪年法中的 60 个年号配合以上定义的"加法"，就完美地呈现了一个群，我们可以叫它"干支群"！读到这里，可能有读者会说，这个加法其实就是把 60 个年号按照 0~59 编号，然后按正常的加法操作就可以了。只不过加起来之后如果大于等于 60，就除以 60，取余数作为结果。对了！这个分析就是看透本质了，其实这就是最为典型的"循环群"的特征，即群里的元素从 0 编号至 n~1，运算就是加法，但所得结果还须除以 n 求余。

（下表："干支群"的"加法"定义中，60 个干支纪年称谓对应的整数编号。两个称谓相加时，只要将对应整数相加，再除以 60 取余数，查询结果即可。）

甲子 4	乙丑 5	丙寅 6	丁卯 7	戊辰 8
己巳 9	庚午 10	辛未 11	壬申 12	癸酉 13
甲戌 14	乙亥 15	丙子 16	丁丑 17	戊寅 18
己卯 19	庚辰 20	辛巳 21	壬午 22	癸未 23
甲申 24	乙酉 25	丙戌 26	丁亥 27	戊子 28
己丑 29	庚寅 30	辛卯 31	壬辰 32	癸巳 33
甲午 34	乙未 35	丙申 36	丁酉 37	戊戌 38
己亥 39	庚子 40	辛丑 41	壬寅 42	癸卯 43
甲辰 44	乙巳 45	丙午 46	丁未 47	戊申 48
己酉 49	庚戌 50	辛亥 51	壬子 52	癸丑 53
甲寅 54	乙卯 55	丙辰 56	丁巳 57	戊午 58
己未 59	庚申 0	辛酉 1	壬戌 2	癸亥 3

其实生活中最常见的循环群就是计时法，比如将钟面上的 12 个数字当作群元素，12 当作 0，那么两个时间就可以相加。比如，1 点 +2 点 =3 点。但 10 点 +5 点 =15 点，15 大于 12，此时要除以 12 求余，结果就是 3 点，是不是很符合日常经验？而 0 点就是单位元。因为这种群里有很明显的循环特征，所以叫"循环群"或"钟群"。

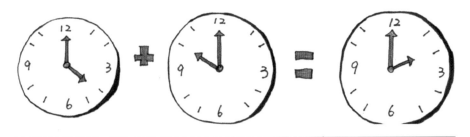

▌钟面上的加法：4 点 +10 点 =2 点。

　　而天干、地支纪年中，每 60 年一循环，自然形成一个循环群。那为什么"庚申"年是单位元呢？其实这里面谁当单位元都可以，是不是？只要你把这个年号编号为 0 就可以了。但是因为我前面定义的加法是借助了公历年的数字，而公元 60 年，恰好是庚申年。"60"在这个循环群里就相当于"0"的作用，所以恰好轮到庚申年为单位元。但一般认为干支纪年是从甲子开始的，所以多数人还是会给甲子编号为 0，这样甲子就是单位元，而最后一个年号癸亥就是 59 号。

　　这里正好说一下群的"同构"概念，其定义是：如果两个群中的元素可以建立一一对应的关系，且在这样的对应关系下，一个群中两个元素的运算结果也能对应到另一个群中对应元素的运算结果，则这两个群就是"同构"（与之前提到过的"图同构"概念很像）的。比如，"干支群"与 0 到 59 的整数集合配合"除以 60 的运算"而构成的群就是同构的，因为在两个集合中，可以让元素一一对应，并且计算结果也是对应的（其中一种对应关系就是之前的表格）。

　　顺便解释一下"子群"的概念，其实就是子集的概念的延伸。考虑一个群的子集，如果这些元素在原来的运算下还仍然是群，那这个小一点的群就是原来的群的子群。那么请你思考一下干支群里有子群吗？

稍微思考一下你会发现其中有很多子群。有个特点是不管是怎样的子群，它都会有原来的单位元"庚申"年。而且你会发现，找子群的基本思路就是对 60 进行质因数分解，只要循环群里的元素数量是合数，就肯定还有子群。只有群里元素的数量是素数个时，才不会再有子群了。

恭喜你，你又发现了一个定理：循环群的元素数量为素数时，不会再有子群。我们把群的元素个数称为"阶"，而把没有子群的群称为"单群"（此处是略微粗糙的定义，实际上的定义是：没有非平凡的"正规子群"才是单群，但对循环群来说，所有子群都是正规子群）。所以一个循环群是单群的充要条件就是它的阶是素数。

以上用天干、地支纪年法介绍了那么多有关群的概念，但其实循环群只是有限群的一种特殊类型，还有一种更一般的有限群例子，叫"置换群"。我还是借用中华古代文化中的五行学说来解释置换群。

先给大家复习一下五行——金、木、水、火、土，这个基本名称想必大家都知道。但古人还赋予了它们一些关系，一种关系叫"相生"：金生水，水生木，木生火，火生土，土生金。"相生"有点促进生成的意思，乍看上去还真有点道理。有水就有植物，所以水生木。有木头就能烧火，所以木生火。火烧完留下灰烬，所以火生土。而土里能挖出金属，所以土生金。但金生水我解释不了，还好今天我们不是研究这个。

另外，古人还赋予了它们一组相克的关系，金克木，木克土，土克水，水克火，火克金。这个相克就是敌对，克制的意思。听上去也是挺有道理的，金属能切断木头，金克木；木头能破土而出，所以木克土；土能挡水或者吸收水，所以土克水；水能灭火，所以水克火；火能融化金属，所以火克金。

我觉得这套五行系统体现了古人的高超智慧，因为这套理论几乎可以解释身边八成的自然现象，反正都能往上套。副作用就是导致中国的科学几乎不发展了，因为大家觉得五行学说已经够好了。

今天不在这里批判五行了，这一次我们需要关注的是五行之间的关系。前面说了五行之间有相生相克的关系，我现在把相生相克关系的反方向称为"被生"和"被克"关系。比如，水生木，那就有"木被生水"；木克土，则有"土被克木"。虽然中文里应该说"木被水生""土被木克"，但为了让"被生"和"被克"两个字连在一起，我只能稍微修改下语序。

现在有了四种转化关系，我再定义一种"加法"，就是在这四种关系里进行相加。这种加法的定义很简单，就是按五行元素连续进行两种转化关系的结果来定义。

比如有：

$$相生 + 相生 = 相克$$

你看，金生水，水生木，而考察金和木的关系，正是金克木。如果你从水元素开始算，则水生木，木生火，水恰好是克火。所以总是有相生 + 相生 = 相克。同理，你可以验证一下"相生 + 相克 = 被克"，"相生 + 被克 = 被生"等等。

总共 4 种运算取 2 种，进行相加，一共有 16 种组合，你可以一一进行运算，求它们相加的结果。但是你自己在推导的过程中，又会发现，如果计算相生 + 被生，那结果就是这元素自身，这四种转化都不适用。

所以很自然，此时就要引进一种所谓的"恒等变换"概念，"恒等变换"就是没有变换，比如"金恒等于金""水恒等于水"等。

引入"恒等变换"概念后，我们一共得到了5种变换：相生、被生、相克、被克和恒等。而如果把两种变换的"加法"定义为两种变换的连续操作的话，一个群的雏形马上就出现了。

五行中的元素关系计算表

+	恒等	相生	被生	相克	被克
恒等	恒等	相生	被生	相克	被克
被生	被生	恒等	被克	相生	相克
相生	相生	相克	恒等	被克	被生
被克	被克	被生	相克	恒等	相生
相克	相克	被克	相生	被生	恒等

对这种运算考察封闭性，结果没有问题。无论哪两种变换组合在一起，都能找到一个直接的变换来表示。其实关于这一点也可以用一个图来表示。如果五行画在一个正五边形的五个顶点上，然后把相生、相克、被生、被克的关系用箭头连线，你会发现所有元素与其他元素都能关联一进一出两个箭头，这就显示其运算必然是封闭的。

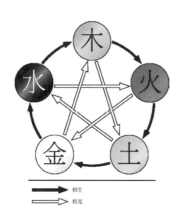

➡ 相生
⇨ 相克

▎五行相生相克图。

请自行验证一下结合律，也是没有问题的。而单位元很自然就是恒等变换。逆元呢，稍微思考一下就会发现，"相生"和"被生"互为逆元，"相克"和"被克"互为逆元，而"恒等变换"就是自己的逆元。

一个完美的群诞生了！我将其命名为"五行群"。又因为这个群的元素都是某种"置换"，所以它被称为"置换群"。前面说过置换群是比循环群更为基础化和一般化的群，原因是有一个"凯莱（Cayley）定理"——任一有限群都与其元素上的一个置换群同构。这是一个很强的描述，它确认所有有限元素的群都会同构于一种置换群。比如，前面提到的钟面构成的 12 个元素的循环群其实是与一个 12 个元素的置换群同构的。另外，我们的五行群其实也是一个循环群，这一点不太明显，也请自行确认一下。但是一个置换群却不一定同构于循环群，总之置换群是一切有限群的基础结构。

你可能还有问题，为什么要有群？答案还是"简化"。

回顾一下"群"的历史，一开始只是解决单一问题，即伽罗瓦在证明"一元五次及以上次数方程"没有根式解时提出的一个概念。但后来人们发现它作用太大了，所以"群"的理论也越来越丰富，成为一门叫"抽象代数"的学科中的基础概念。

它的作用之所以大，就在于高度抽象。数学里的很多对象之间都存在某种计算，比如矩阵和向量，都可以做加法和乘法，几何图形也可以做各种变换。数学家发现，如果把很多集合中的计算足够抽象化，它们就是一回事！所以我们研究"群"的性质，就等于把所有等价于群的数学对象和其中的计算研究好了，你说这是不是简化呢？

举个例子，数学家已经证明了么半群里的单位元是唯一的，不可能有第二个。所以我们就知道，我们的微信聊天群里只可能有一个单位元，就是小冰，无论如何改造你的群，都不可能再有第二个元素成为单位元，你想想对不对？

最后，要理解"置换群"，要点就在于"对称"二字，因为一个对象自身的对称性往往可以转化成一个置换群。比如，你在纸上画一个正方形，你找出正方形所有可能的对称性，把每一个对称性作为一个置换，请验证这些置换可以形成一个置换群。我们的五行群也是类似的，你隐隐地会感到相生和相克关系形成一些对称的感觉，抽象出来也就是群。以至于后来人们把集合自身与自身产生的同构关系也叫作"对称"。有的数学家认为"群"就是"对称"的一种抽象归类。

而群论的强大，已经跨越到了几乎所有数学分支里，甚至于物理、化学、计算机学科里也有很多群的使用。总之，对群的作用之大怎么说都不过分。希望你也能发现身边的"群"。

思考题 大老李陪你一起"玩"

1. 为什么微信群中，不能定义小冰为任何人的逆元，从而使微信群成为一个群？提示：思考一下结合律。

2. 请你构造一个有"乘法"的群，即让一个集合与一般意义上的"乘法"构成一个群。请你确认一下，这个群符合封闭性、结合律，并且有单位元，且每个元素都有唯一逆元。

✎ | 本命题没有证明——哥德尔不完备定理 |

很多人知道哥德尔有一个"不完备定理"，但并不了解哥德尔不完备定理是如何被证明的，所以我给大家简单聊聊他的证明思路。但开始之前，不得不讲一下哥德尔的这个定理，其实准确来说，"哥德尔不完备定理"有两条。

第一条是指任何一个足够复杂的公理系统，如果它是"相容"的，那么这个公理系统内部就一定存在不能被证明的命题。"相容"的意思是，公理系统内部不应该推导出互相矛盾的结论。如果一个公理系统能同时证明一个命题为"真"和"假"，那这个公理系统也太混乱、太不好使用了。这是哥德尔的两条不完备定理中，比较为人熟知的一个。这里说的足够复杂的公理系统，其实要求并不高。简单来说，只要求能定义自然数和进行加法和乘法就可以了，稍后你也能看到如此要求的原因。

第二条是说哥德尔还有一个不太著名的"第二不完备定理"。这个定理说任何一个足够复杂的公理系统都不能证明自己是"相容"的，即它不能证明自己是不会推导出互相矛盾的命题的。这是不是一个让人有点郁闷的结论呢？而它的一个等价形式读出来更令人有恐惧感：如果一个足够复杂且足够强大的公理系统能证明自己是"相容"的，则它一定是"不相容"的。这句话听上去很拗口，不过你可以慢慢体会一下。

这两个不完备定理似乎在说数学总是有"缺陷"的，但我觉得这让我对数学更产生了崇敬感，因为它能证明自身解决问题的能力范围，这是其他科学做不到的。而且这两个定理在哲学意义上的价值也是极其崇高的。

其实哥德尔还有一个不太著名的"完备定理"，请注意是"完备"，不是"不完备"。这个"完备定理"比前两个不完备定理提出的时间要早，它说的是如果是一个不太复杂的公理系统，比如连自然数都不能定义，那么它可以是"完备"的。你别小看它，比如欧几里得几何定理就几乎是一个"完备"的公理系统。当然，这里的"完备定理"是题外话，我将要聊的是"第一不完备定理"是如何被证明的。

哥德尔"第一不完备定理"的证明过程，用最简单的方法解释就是哥德尔构造了这样一个命题，即"这个命题是不可被证明的"。这句话里的"这个命题"，就是这句话本身！怎么样，是不是与罗素悖论（即"理发师悖论"）有异曲同工之妙？

理发师悖论

你的第一感觉可能会认为，哥德尔的这个命题十分诡辩，数学里不需要有这种命题。而且命题中也没有定义，什么叫"可以证明"的，什么样的东西可以被称为"命题"。所以，哥德尔的工作没有那么简单，他必须用数学的方法来证明"这个命题是不可被证明的"，这样的命题可以在数学中存在，而且还是有意义的命题。其证明方法的基本思想就是四个字："命题皆数"，即任何命题都可以被编码成一个数字，而且仅仅是自然数。

怎么做呢？一种可能是把每个英文单词或者中文字都对应一个数字。比如，如果用 100 表示加法符号，那么 1+1 就可以"编码"成 11001。但是这样表示 11001 这个数的话就有困难了，所以还需要一些改进的方法。我可给大家讲一下哥德尔的方法。

首先，我们可以把数学中的所有符号都编码为数字，并只把有限且必要的数字编码，这样就避免前面那种所有的自然数都被占用的情况。其实在数学中，我们要定义自然数，只要先定义数字 0 和一个"后继"运算就可以了。1 就是 0 的"后继"，那我们只要把"后继"操作再编码为一个数字就可以了。这样自然数只需要两个数字就可以被表达出来（尽管会非常啰唆）。

比如：在我们的编码系统中，"0"的编码为 1。你可能会问，为什么"0"不是编码为 0？其实这里"0"对编码系统来说就是一个符号，我们目的只是让所有符号对应一个数字，所以"0"可以编码为 1。定义"="这个符号，编码为 2。"+"这个符号编码为 3。如此 0=0 这个表达式，在我们的编码系统中，就编码为 1 2 1。0+0=0 就是 1 3 1 2 1。

只要通过合适的编码，我们就可以把所有数学命题都用一串数字表达出来。但此时还只能叫"命题皆数列"，因为我们只是把所有命题表示成一个数字序列了，让人愉快的是，命题与数列是一一对应的关系。

以上是解决问题的第一步。哥德尔在"命题皆数列"的前提下，想让所有数列对应到一个特定的自然数上去。一种设想是取消数列中的空格，把结果作为这个命题对应的自然数。但是，如果两个命题对应的数列分别是 12345 和 012345，就会对应到同一个自然数上去了。

哥德尔设计了一个很巧妙的方法：对某个数列，取素数序列，把数列中的每个数作为素数序列中每个数的指数，然后相乘，就能得到一个特定的自然数。举个例子，比如前面我们已经把 0=0 编码成数列 1 2 1。一共有三个数，素数序列中，前三个素数我们知道是 2，3，5。那我们就取 $2^1 3^2 5^1=90$，就是我们需要的自然数。再如，前面 0+0=0 这个命题对应数列是 1 3 1 2 1。一共有 5 个数，前五个素数是 2，3，5，7，11，则对应的自然数就是 $2^1 3^3 5^1 7^2 11^1=145530$，等等。

哥德尔把数列转化成自然数的方法的一大特点就是：一一对应！数列总是能转化到唯一的一个自然数，自然数也对应唯一数列，因为自然数的素因子分解方法肯定是唯一的。当然这个方法非常"浪费"自然数，绝大多数自然数对应的数列再转化成符号列表的结果是毫无意义的，但是我们并不在乎。因为自然数有那么多，浪费一点不算什么，关键在于我们完成了从数学命题到自然数的一一对应变换。

我们又发现所有命题的证明也是一串数学符号的罗列，那么同以上方法，我们也可以把证明过程转化成一个自然数。其实"命题的证明过程"与"命题"是没有明显界限的，你可以认为"证明"就是一连串命题的罗列而已。

总而言之，哥德尔定义了一种将所有命题和证明过程都编码成一个自然数的方法，而这个数字现在就被称为"哥德尔数"。一个东西变成数字了，那就好处理多了。到这里你也应该发现哥德尔不完备定理为何要求足够复杂的公理系统，因为我们要用到哥德尔数，就至少需要能定义自然数以及加法和乘法。

接下来的事情就有点伤脑筋了，但更好玩。我们先定义这么一个命题，我称之为不可被证明的 y。这个命题的完整表述是：y 是某个命题的哥德尔数，不存在另一个哥德尔数 x，使得 x 所对应的命题，是 y 的一个证明。你需要想明白，"不可被证明的 y"本身是一个命题，而 y 是另一个命题对应的哥德尔数。

这个命题的意义就在于，它实际阐述的是两个具体数字的关系，即哥德尔数 x 和 y 的关系，而不是一些文字的东西。接下来要用到一个比较艰涩的定理，叫"对角线引理"（diagonal lemma），因为它跟康托的对角线论证法很相似。

其过程就是把一串数字按纵向罗列起来，然后从上到下每个数字取一位，沿对角线方向产生一个新的数字。我相信学过集合论或者离散数学的朋友会对这种论证有印象。高数课程里也有用这种方法构造反例的例子，大家可以回忆一下。

对角线论证法

使用这个引理的目的在于证明存在所谓的"自指向"命题。"自指向"就是一个命题的内容指向自己。回到前面的"不可被证明的 y"命题，我们把这个命题用一些具体的数值带入。比如，12345 是某个命题的"哥德尔数"，不存在另一个哥德尔数 x，使得 x 所对应的命题是"哥德尔数"12345 对应的命题的证明。

这个命题听上去没什么问题，但有意思的部分来了。前面这句话本身也是一个命题，那它就也会有一个"哥德尔数"。如果它的哥德尔数算出来就是 12345，会怎么样呢？那原来的命题就可以改为：12345 是本命题的"哥德尔数"，不存在另一个哥德尔数 x，使得 x 所对应的命题是本命题的证明。

我们验算一下，本命题的"哥德尔数"确实就是 12345（对角线引理确保了这种"自指向"命题的存在），哇！你发现，我们找到证明"不完备定理"需要的命题了。

对上述命题，如果它是假命题，也就是有一个"哥德尔数"成了 12345 对应的命题的证明（或证伪），那它就跟 12345 对应的命题本身内容矛盾了，因为 12345 对应的命题说自己是不可以被证明的。所以你只能接受，12345 对应的命题是没有证明的，而且它确实是真命题。这里补充一句，以上所说的"证明"其实也包括"证伪"的情况，因为证明反命题也是一种证明。

总之，不完备定理的证明，归根结底就一句话：本命题没有证明！

思考题 大老李陪你一起"玩"

思考一下如何证明哥德尔第二不完备定理。提示：可以考虑这样一个命题——本公理系统是相容的。

数学家比较了两个无限——有关连续统假设

数学里，"无限"是经常出现的一个词，最早人们认为所有的"无限"都是一样的。19 世纪后期的德国数学家康托是第一个认真研究"无限集"的人，并且他发现"无限"是不一样的，"无限"之间也可比较大小。你可能听过这个小故事。

一个旅馆有"无穷多"个房间，而且住满了旅客。此时又来了一个旅客，他有办法入住吗？如果是普通的旅馆，当然是没办法了，但是在有"无穷"多个房间的旅馆，这是没有问题的。只见老板胸有成竹，他一声令下："请所有住客注意，如果你现在是第 n 号房间，请你搬到第 $n+1$ 号房间"。所有旅客换到新房间后，新来的旅客就顺利入住了第 1 号房间。不久，又来了无穷多个旅客，怎么办呢？老板没有慌张，发了一道新指令："请所有第 n 号房间的住客搬到第 $2n$ 号房间"，瞬间就发现所有奇数号房间都腾出来了，新来的无穷多个旅客又顺利入住了。

这个小故事告诉我们，一旦涉及无限集合，里面的很多性质是令人吃惊的，一些直觉上大小不一样的集合，却感觉像是一样大的。那能不能对"无穷集"进行大小比较呢？康托确立了一个使两个无穷集合大小相等的标准，即能在两个集合之间建立"一一对应"的关系。

这个标准还是比较直观的，因为如果你从一个集合里拿出一个元素，总是能在另一个集合中找到一个对应的元素，反之亦然，那感觉上这两个集合确实是一样大的。但对于无穷集，你就要做好颠覆自己思维方式的准备。在前面旅馆的例子中，它告诉我们全体奇数集合和自然数集合是一样大的，即"子集"可以和"父集"一样大，这在有限集合里是不能想象的，但是在无穷集里却司空见惯。

那是不是所有无穷集都一样大呢？如果都是一样大的，那无穷集就一点都不好玩了。还好，康托证明了实数集不可能与自然数集建立一一对应的关系，而自然数集又是实数集的子集，所以实数集的基数要大于自然数集的基数。这里的基数，是集合论的一个术语，用来描述集合中元素的数量多少。

康托证明了自然数的基数，是所有无穷集基数中最小的一个，通常记作 $\aleph_0$（读作"阿列夫0"，"阿列夫"是一个希腊字母），也称为"可数集"，因为自然数就是可以被排列好，一个个数出来的。这个很自然，自然数不就是用来数的吗？

而实数集的基数通常被记作 $2^{\aleph_0}$。为什么用这样的记法？因为一个有限集，如果有 n 个元素，那么它的所有子集的个数，包括空集和它自身的话，是 2^n 个，这是一道很简单的排列组合题。而康托证明了，任何一个无穷集，由它的所有子集构成的集合的基数，必然要大于这个无穷集本身的基数。而实数集的基数是与自然数集的所有子集构成的集合基数相等的，所以我们就借鉴有限集的记法，把实数集的基数记作 $2^{\aleph_0}$。

前面说了那么多，就是为了引出这么一个问题：有没有某个无穷集的基数是介于自然数集与实数集之间的呢，既大于 $\aleph_0$，又小于 $2^{\aleph_0}$？如果证明不存在这个基数，那么我们就可以把 $2^{\aleph_0}$ 记作 $\aleph_1$。并且数学家期待，无穷基数是可以清晰排序的，即 $\aleph_0$，$\aleph_1$，$\aleph_2$，$\aleph_3\cdots$

你别小看这个问题，它就是大名鼎鼎的"连续统假设"。之所以叫这个名字，是因为实数是一个"连续"（又称"完备"）的集合。"连续统假设"被希尔伯特列为 20 世纪最重要的 23 个数学问题中的第一个，足见其重要性。

而这个问题的答案实在是出人意料。先是在 20 世纪 40 年代，哥德尔证明了"连续统假设"在数学家最常用的公理系统，即"策梅洛–弗兰克尔"公理系统（以下简称 ZFC）内是无法被证明的。因为哥德尔的证明是说在任何数学系统里都存在不能被证明的"真"命题，所以这时有人还存有一种希望，认为"连续统假设"就属于那种不能证明的真命题，那就当它是真命题吧。

但是到了 20 世纪 60 年代，保罗·科恩证明了一个更惊人的结果：连续统假设是"独立于"ZFC 公理系统的。这个"独立于"的意思是：你把连系统假设作为真命题也好，假命题也好，它都不会在 ZFC 系统里导出互相矛盾的结论。这样数学家就傻眼了，到底是把它当

平行公理和非欧几何

真命题用还是假命题用呢？科恩的结论是：都可以，都不会导出矛盾！这很像那个"平行公理"的情况，你把它作为公理或者其他情况，都可以导出一套不同的几何。但关于"连续统假设"的结论是相当令人困惑的，是不是关于这个问题就没办法继续研究了呢？

还真不是这样的。其实早在 20 世纪 40 年代，数学家就发现了两个有趣的集合，经常用字母 p 和 t 来表示。这两个集合的精确定义有点复杂，我可以大致说明一下。

首先 p 和 t 的元素都是集合，且有"可数"多个元素。每个元素都是一族自然数的无穷子集的集合，因此 p 和 t 集合都是"自然数子集的集合的集合"。一种最简单的"自然数子集的集合"的例子是某个自然数的"倍数"构成的集合：{{2，4，6，8}，{3，6，9，12}…}，或者大于

某个自然数的集合，比如 {{ 全体大于 10 的自然数 }，{ 全体大于 11 的自然数 }，{ 全体大于 12 的自然数 }…}。

我们都知道两个集合之间"子集"关系的定义，现在定义一个概念："……几乎是……的子集"。如果你读过之前有关"几乎"这个术语的章节，你对如下定义应该很习惯了：

无穷集合 A "几乎是"无穷集合 B 的子集，当且仅当 A 中仅有有限多个元素不属于 B 时，记作 $A \subseteq {}^*B$。比如

$$\{1，2，3 \text{ 和大于 } 1000 \text{ 的自然数}\} \subseteq {}^*\{\text{大于 } 100 \text{ 的自然数}\}$$

在很多情况下既有 $A \subseteq {}^*B$ 且 $B \subseteq {}^*A$。

接下来就是关于 p 集合的定义，p 集合中的元素 X（某个集合族）需要符合以下两个条件：

1. 从 X 中取有限多个元素，求交集（记得这些元素都是集合），仍然有无穷多个元素。

2. 不存在一个由无穷多个自然数构成的集合，它"几乎"是 p 中每个元素的子集。

以上两个条件是有点互相对立的，比如集合的集合 f_1：

$$\{\{n+0: n \in N\}, \{n+0: n \in N\}, \{n+2: n \in N\}, \cdots\}$$

它显然符合第一个条件，但不符合第二个条件。比如，全体奇数就"几乎"是其中每个元素的子集。

一种 X 的可能的定义是如下这种集合的集合：

$$\{m^k : k \in N\}$$

它符合第一个条件，因为如有有限多个这种类型的集合，取 g 是这些集合中所有指数 k 的最小公倍数，则所有形如 m^g 的数属于所有这些集合，且有无穷多个。不难确认它也符合第二个条件。

t 集合的定义稍简单些，大致就是 t 集合中的元素 Y（某个集合族）中的元素按照 $\subseteq *$ 比较的话，是可以排序的，且总能找到"最小元素"，术语称此种集合是"良序"（well-ordered）的。t 集合中的元素 Y 的一个例子就是之前说过的 f_1。

关于集合 p 和 t，有一些已知的有趣性质。首先，我们已经知道 p 和 t 的基数（记作 $|p|$ 和 $|t|$）是大于自然数集的：

$$|p| > \aleph_0, \quad |t| > \aleph_0$$

而 t 的基数是小于等于实数集的，即

$$|t| \leqslant 2^{\aleph_0}$$

我们还知道，p 集合的基数是小于等于 t 集合的，即

$$|p| \leqslant |t|$$

综合起来就是：

$$\aleph_0 < |p| \leqslant |t| \leqslant 2^{\aleph_0}$$

有意思的情况出现了：如果我们能把 $|p| \leqslant |t|$ 里面的这个"="去掉，变成 $|p| < |t|$，那么 p 的基数就是介于自然数和实数集之间的一个无穷集了，这样就等于证伪了连续统假设！但自从科恩的有关"连续统假设"独立于 ZFC 的结论出来之后，数学家倾向于"$|p| < |t|$"是一个不可

被证明的，且独立于 ZFC 系统之外的问题。

但 2016 年，这个问题意外有了突破。这里要说一下 20 世纪 60 年代产生的"模型理论"（Model Theory）。在模型理论里，"理论"就是一组公理和规则，能够定义数学中的某个领域（比如群、域、图、集合论等等）。而模型理论就是对不同的理论进行分类，对它们的"复杂度"进行分析。有人形容这种理论就像是分析数学的"源代码"。

学过程序设计的人知道，有一种代码分析指标叫"代码复杂度分析"，而模型理论也能对数学理论进行分类和复杂度分析。1967 年，杰罗姆·凯斯勒证明了所有数学理论的复杂度至少可以分为两类，即"最小复杂度"和"最大复杂度"，这种复杂度秩序就被称为"凯斯勒秩序"。"复杂度"度量了一个数学系统中可以发生的"事情"的数量，越复杂的系统，其内部可以发生的"事情"、可以产生的命题数量就越多，反之就越少。

大约在凯斯勒定义"凯斯勒秩序"之后的第 10 年，一个叫谢拉赫的数学家证明了复杂度不会只有"最小"和"最大"两种，而是有很多种，并且它们之间有很明确的界限，有点像物理中"能级"的概念，即复杂度不是连续变化的，而是"跳变"的。

但此后，在这方面的研究大概停滞了 30 年。2009 年，一个叫马列里斯的研究者在她的博士学位论文研究期间，重新阅读了谢拉赫的一些文章，于是她就开始与谢拉赫合作一起研究这个领域。他们发现了两个数学系统，其中一个已知可以产生"最大复杂度"，另外一个还不知道。但是他们发现这两个数学系统的复杂度问题，居然与前述的 p 与 t 集合基数大小问题是等价的。

到 2016 年，他们终于证明了这两个数学系统具有等价的复杂度，

也间接证明了 |p|=|t|，戏剧性地解决了 p 和 t 集合基数之间的大小问题。只是这不是人们期望的结果 |p|<|t|，而是 |p|=|t|，且都等于实数集的基数 $2^{\aleph_0}$。谢拉赫和马列里斯因为这一发现获得了"豪斯多夫奖"，这是集合论领域的最高奖项。不过证明 |p|=|t|，才是符合科恩结论所预言的，否则连续统假设就被证伪了（虽然证伪它，并不会导致任何其他矛盾结论）。

我觉得这个例子非常好地诠释了数学领域经常出现的"另辟蹊径""殊途同归"的现象，即专注于一个领域里的研究，却意外地解决了另一个领域里的重大问题。在这个例子中，模型理论的研究解决了一个集合论里的问题。所以这也告诉我们，在研究数学时，纠结于小领域中的某个特定的问题往往不是好方法。

但是让我深思的另外一个问题是"连续统假设"究竟是一个客观结论，还是一个可以主观臆断其真假的命题？如果是客观存在，那它怎么可能既可以为真，又可以为假？如果外星人也提出了这个问题，它们对连续统假设的结论又是什么？总之，"无穷"的概念总是给人带来无穷的困惑！

选还是不选？ ——选择公理之争

"集合"是数学中最为基础的话题。在集合论产生的历史中有过一次很有意思的争端，也是数学历史上，人们在构建数学基础的理念上一次大碰撞的核心，就是"选择公理"之争。要讲"选择公理"，就不得不先讲一下"数学的第三次危机",即由著名的"罗素悖论"引发的一场危机。

在 19 世纪后半叶,数学家们开始逐渐意识到数学的理论基础是不完善的,需要重新构建,就像欧几里得几何一样。欧几里得通过 5 条简短的公理,就能推导出一整套数量庞大且堪称完美的几何定理和结论。

所以数学家希望对代数学也建立一套这样的公理系统,更重要的是建立逻辑推理的规则系统。而恰好此时康托对无穷集合有了很多研究,数学家发现,用"集合"概念来建立数学基础也许是合适的。"集合"的概念确实足够简单和平凡,而且看上去,所有数学研究对象都可以用集合描述出来,所以人们就希望通过集合论来建立一套基础。

一开始,数学家可谓信心满满。希尔伯特在 1900 年一场著名的演讲中提出了 23 个 20 世纪重大数学问题,前两个问题都是关于集合的。第一个就是"连续统假设"。第二个是证明算术公理的相容性。可以说,这两个问题都是用来建立数学基础的。希尔伯特认为,解决了第一个问题,那么集合论就没有什么缺陷了;解决了第二个问题,代数的基础也有了,数学的基础也就牢固了。可惜这两个问题后来的发展都走到了数学家期望的反面。

其中最重大的危机,是在 1903 年,罗素提出了著名的"罗素悖论",也被称为"理发师悖论"。这次危机后来被称为"第三次数学危机"(前两次是有关无理数的概念和微积分的基础)。这次危机发生之后,大家都试图在各方面挽救这次危机。康托作为集合论奠基人之

康托的悲剧人生

一,自然不希望放弃这一理论。他生命的最后二十多年几乎都在尝试证明"连续统假设"。当然根据后来科恩的结论,康托的这种努力注定是悲剧的,完全没有进展。这也是他的集合论和"超穷基数"理论受到各种

质疑的一大原因。

1904 年，在第三届国际数学家大会上，一位来自布达佩斯的著名数学家——科尼希宣读了一篇论文。这篇论文宣称，康托尔的"连续统"的"势"（即基数）不是任何 $\aleph$ 数，更不用说是 $\aleph_1$。此时，一个叫策梅洛的年轻人挽救了康托，他发现了科尼希论文里用到的一个题设是不成立的。

策梅洛于 1871 年出生在柏林，他比康托小 26 岁。策梅洛在 1894 年获得了柏林大学的博士学位，后来哥廷根大学授予他一个无薪助教的职位。1900 年前后，他开始对集合论感兴趣，并开始讲授集合论。他很喜欢康托的理论，所以他在 1904 年帮了康托一把，但是他和康托都知道，这并不能解决所有问题，他们只是暂时摆脱一次直接打击。康托的集合论需要更多改进才能更加完备。

在研究"连续统假设"的过程中，康托发现，他很需要一个称为"良序原理"（Well-ordering Theorem）的东西，意思就是"良好的秩序"。康托发现，如果一个集合天然有一个"最小"元素，只要能找到这个最小元素，那这个集合就可以被称为是"良序"的。康托希望所有非空集合都是"良序"的，但是显然你没法把它作为公理，因为这个命题距离"显而易见""不证自明"是很远的。

策梅洛于是开始设法帮助康托来证明"良序原理"。他提出了一条新的公理，从这条公理可以推出"良序原理"，它被称为"选择公理"。"选择公理"有很多等价的表述形式，其中有一种比较简单的表述：

对任意数量的非空集合，总能从每个集合中"选出"一个元素来构成新的集合。

因为这里面涉及从一个非空集合里选择一个元素的动作，所以这条

205

公理被称为"选择公理"。这条公理看上去是不是天经地义的？如果是非空集合，里面至少有一个元素，那我当然可以选择一个元素出来。而问题出现在关于"选择"的方法上。"选择公理"并不要求定义"选择的方法"，而是默认可以"选择"，这时，如果涉及无穷集合就会出现让人起疑的地方了。

比如，对于所有自然数的非空子集，请你从每个子集里挑一个元素，那你可以挑最小的那个数，这是没问题的。再如，对于所有实数的闭区间构成的集合，让你从所有区间里挑一个元素，稍加思索，你可以说，取每一个区间的中点。也就是说如果这个区间是 $[a，b]$，那我就取 $(a+b)/2$ 这个元素。

把问题稍微扩展一下，让你从所有实数的非空子集里挑一个元素，这该怎么挑？你会发现，没法说出一个确切的方法！尽管你知道在那么多非空子集里，至少都有一个元素，而且很多非空子集里面还有无穷多个元素，但你就是无法定义一个确切的方法去挑选。

如此也可以发现，我们讨论"一个无穷集合的所有子集构成的集合"，其实就用到了"选择公理"，因为我们默认能够从一个无穷多元素的集合里把它的子集选出来。对有限多的集合进行选择是没问题的，但是从无穷多个集合里进行选择，就值得怀疑了。罗素有过一个形象的比喻来说明"选择公理"。从无数双鞋子里，挑选一只鞋子是可以做到的，因为我们可以说挑左脚或右脚那只鞋子。但是从无数双袜子里挑选一只袜子出来是做不到的，因为袜子不分左右。

"选择公理"从更准确地角度来讲，是对任意的由非空集合构成的集合，默认有一个叫"选择函数"的东西，这个"选择函数"可以帮我们从每一个非空集合里挑出特定的元素，而不需要特别说明这个"选择

罗素曾说：从无数双鞋子中，挑选一只鞋子是可以做到的，因为我们可以说挑左脚的或右脚的那只鞋子；但是从无数双袜子里挑选一只袜子出来是做不到的，因为袜子不分左右。

函数"的内容。前面取最小元素或者 $(a+b)/2$ 之类的都是"选择函数"的例子。

"选择公理"认为，即使说不出"选择函数"的定义，"选择函数"也是存在的。反对"选择公理"的人认为，如果不能说出具体"选择函数"的定义，那就不能说存在这样的函数。如果没有一个确切定义的方法去挑选，那就连判定一个元素是否被选中都不行，之后有关这些元素构成的集合的推理就是毫无意义的。

你可能会想，这条"选择公理"似乎跟我没什么关系啊，没感觉到哪里会用到这条公理。那你就大错特错了，实际上在无数的证明中，你已经不自觉地用到了"选择公理"。比较讽刺的是，那些反对"选择公理"的人，实际上在他们之前许多的研究中也用到了这条公理。

最常见的例子就是如果你在证明中用到了"非构造性"的证明，那多半就用到了"选择公理"。有一个非构造性证明的经典例子，就是问：有没有一个无理数的无理数次方是有理数？ $\sqrt{2}^{\sqrt{2}}$ 是有理数还是无理数？

207

虽然你感觉它当然是无理数，但是证明它并不容易。那我这样来论证"存在一个无理数的无理数次方是有理数"的情况：

首先，如果 $\sqrt{2}^{\sqrt{2}}$ 是有理数，那么就已经找到了一个无理数的无理数次方是有理数的例子。如果 $\sqrt{2}^{\sqrt{2}}$ 是无理数，那就考察这样一个数：

$$\left(\sqrt{2}^{\sqrt{2}}\right)^{\sqrt{2}}$$

它的底数和指数都是无理数。然后根据幂指数计算规则，这个数就等于 $\sqrt{2}^2=2$，是个有理数，这样我还是找到了一个无理数的无理数次方是有理数的例子。这个证明是不是够巧妙？

但是这个证明是"非构造性"的，我们最终没有证明 $\sqrt{2}^{\sqrt{2}}$ 是无理数还是有理数（虽然已有其他证明 $\sqrt{2}^{\sqrt{2}}$ 是超越数，但不在本文讨论范围内），只是认为：它不是有理数就是无理数。

逻辑上我们称其为"排中律"，即我们默认一个命题非真即假。而在某些集合论框架下，"排中律"是"选择公理"的一个推论。所以有些极端反对"选择公理"的人，连"排中律"也反对，甚至"反证法"对他们来说也是不成立的。

总之，如果你在一个证明里用了"存在×××，使得×××成立"，而你没有说明"存在×××"具体构造的方法，那你基本就是在用"选择公理"了。现在你可能又会说，使用"选择公理"挺好的，它有什么副作用吗？

这里又有一个经典的例子，叫"巴拿赫-塔斯基悖论"。这个悖论说：如果承认"选择公理"，就可以把一个球体拆解后重新组合，"组装"成两个与原来的一模一样的球。听上去很不可思议，但这个拆解—组装过程的确是用严格的逻辑推导出来的。"巴拿赫-塔斯基悖论"的具体内容有点复杂，但有一个更为简单易懂的，使用"选择公理"推导出来的悖论。请大家做好脑洞大开的准备，你会遇到许多有关"无穷"的东西。也不奇怪，数学里的很多悖论都是与"无穷"这个概念相关的。

首先，让我们做一道经典的智力趣题，是有关 100 个死刑囚犯的。某天，监狱长让这 100 个囚犯脸朝一个方向排成一排，每个人看着前面人的后脑勺。然后监狱长给每个囚犯发一顶黑色的或者白色的帽子。每个人看不到自己帽子的颜色，但是可以看到自己前面其他所有人的帽子颜色。这样队尾的人可以看到前面 99 个人的帽子，因为稍后此人需要第一个参与"游戏"，我们称其为"1 号"，而队首的人一顶帽子都看不到，我们称其为第 100 号囚犯，即从队尾到队首，我们对囚犯分别编号为 1~100。

监狱长会从 1 号囚犯开始，依次询问他们自己所戴帽子的颜色。如果答对，就立即释放，答错则执行死刑。监狱长允许所有囚犯在这个游戏开始前商量一个策略。现在的问题是，囚犯们应该设计一种怎样的策略，才能使最多的人活下来？

其实有一种策略，可以确保使 99 个人活下来，而有 1 个人需要碰下运气，这个方法就是用黑白颜色数量的奇偶性。因为没有任何人可以看到 1 号囚犯戴的帽子，所以他没办法确保自己能活下来，但是他能看到其他人帽子的情况，所以他可以造福他人，用自己的回答给其他人传递信息。办法是 1 号囚犯观察自己看到的黑色帽子的数量。如果是奇数就回答"黑"，如果是偶数就回答"白"。这样 2 号囚犯根据自己看到的黑色帽子的奇偶性，再配合 1 号囚犯的回答，就能顺利猜出自己头上帽子的颜色。而之后每个人都可以用类似方法推出自己的帽子颜色，这个问题就解决了。

现在我们把它改造一下，不是 100 个囚犯，而是有无穷多个囚犯，同样是这个测试，什么样的策略最好？你看，无穷来了，烧脑的部分就来了。现在，每个囚犯都能看到无穷多的黑帽子和白帽子，无穷多的帽子是无所谓奇偶性的，所以不能继续使用前述方法。但现在可以告诉大家的是，如果我们使用"选择公理"，有一种方法可以确保只有有限多的囚犯会被处决，而有无穷多的囚犯活下来，方法如下：

首先，我们用 0 代表白帽子，1 代表黑帽子。无穷多个囚犯戴上帽子后，就产生了一个由 0 和 1 构成的无穷序列。现在，囚犯们在测试开始前做这样一件事情，把所有 0 和 1 构成的无穷多个无穷序列分类。

如果两个序列在某一位之后完全相同，就把它们归为一类。例如，如果两个序列从第 100 万位之后都相同了，那它们就归为一类。但我们并不要求 100 万这个具体的数字，只要序列尾端某位之后所有无穷多位相同，就可以归为一类。这样的话，可以把所有 0 和 1 的序列分类。而且特定的一个序列，只可能在一类里面。因为如果一个序列在两类里面，那这两类肯定也可以合并，因为它们末尾肯定有无穷长的相同序列。

这一步你是不是觉得已经有点烧脑了，但是以上操作在数学上是完全合理的。我已经很清楚地定义了分类的原则，给我两个具体的序列，我能很清楚地告诉你它们是不是同一类。不管怎样，假设囚犯们已经把序列都分类好了。

而且你会发现，会有无穷多个类（但理论上对一个确定的类，其中只有有限多个序列，请思考一下原因），但是无穷多个囚犯并不害怕。接下来就该"选择公理"出场了。"选择公理"告诉我们，对无穷多个非空集合，我们总能从中挑选出一个元素。请不要问怎么挑，挑哪一个，因为"选择公理"不要求这一点！所以，我们现在就有无穷多个序列类别，囚犯们就从每个类别中找出某一个序列，作为这个类别的"代表"数字，然后写在一个"字典"上或者"背下来"。

　　到开始测试的一天，当囚犯们看到其他人的帽子颜色的时候，见证奇迹的时刻来了。这时，每个囚犯都可以看到无穷多个帽子。当每个囚犯都看向"远方"的时候，他们可以回忆一下，或者查下"字典"，看看最远处的无穷序列在他们的字典里是属于哪一类。刚才说了，囚犯把所有0和1构成的序列都归类了，当囚犯看到其他人戴的帽子构成的无穷序列时，他们应该能知道这个序列归为哪类，这一类他们又挑了哪个序列作为代表序列。

　　这样，每个囚犯都可以依次按照这个代表序列来猜测自己帽子的颜色。因为这个代表序列从某一位开始，与囚犯们看到的序列是一样的，所以当有限多个囚犯被牺牲掉之后，后面有无穷多个囚犯都可以猜对自己的帽子颜色！

　　这个方法是不是有些异想天开，匪夷所思？我知道各位需要时间来消化这个游戏过程，不过你在想通之后，会发现此方法的推理过程是流畅的，而且可以用严格的数学语言表述出来，它的难以置信只能怪"选择公理"不"靠谱"了。

▌无穷多个囚犯正在进行"猜帽子颜色"的挑战。

　　以上这个例子就是告诉我们，如果承认"选择公理"，我们有可能会推导出一些违背直觉的结果。那可不可用其他公理来推出"选择公理"呢？但如同"连续统假设一样"，"选择公理"先是被证明与数学家最常用的"策梅洛–弗兰克尔"公理系统（ZF 系统）是相恰的，后来还证明了从 ZF 公理系统是无法证明"选择公理"的。

那么现在用不用"选择公理"就变得与"连续统假设"一样，像是哲学问题而不是数学问题了。现在主流数学界中，多数人还是会使用"选择公理"，因为有很多定理不用"选择公理"就难以证明。多数人还是喜欢多一条公理，多一样武器。事实上，现在常用的 ZFC 公理系统中的 C，就代表英文里"选择"一词"Choice"的首字母。而 Z 代表策梅洛，F 代表弗兰克尔。所以 ZFC 就代表由策梅洛和弗兰克尔共同建立的一套公理化集合论（ZF 系统），再加上"选择公理"。不知道你看完本节，到底会不会使用"选择公理"呢？

你可能会好奇，第三次数学危机后来到底结果如何？简单来说，一开始数学家试图建立一种完美的数学基础，但是在发现集合论无法完美做到这一点后，数学家分化了。数学演变成了三种大的流派——逻辑主义、形式主义和直觉主义，以及许多种分支流派。但好在数学家没有把流派变成江湖门派之争。大多数数学家只是专心解决具体的数学问题，数学流派的优劣好坏还是留给逻辑学家和哲学家吧。

从"帕里斯–哈林顿定理"到"不可证明性"的证明

"帕里斯–哈林顿"定理（Paris-Harrington theorem）主要是讲有关不

可被证明的命题的。说到"不可被证明"的命题，大家第一感觉一定是"连续统假设"。那这个"帕里斯–哈林顿定理"为什么也重要呢？我们先要搞清楚什么是"不可证明性"。

前面提到了"哥德尔不完备性原理"，我们简单复习一下。哥德尔的第一不完备原理是任何包含皮亚诺算术且可以公理化的理论，都是"不完全"的。"不完全"的意思就是这个系统内存在既不能证明也不能证伪的命题。连续统假设就是这样一个命题。

但这里面提到的"皮亚诺算术"是什么东西呢？在前面有一章里，提到过策梅洛–弗兰克尔的公理化集合论，简称 ZFC 公理系统。集合论定义了一套有关集合的公理，它规定了哪些逻辑推理方法是可以用的。但是只有逻辑推理，没有推理的源头，还是推不出数学命题。

可以对比一下欧几里得几何的五大公设。欧几里得几何的开端就是先提出来五大公设，然后推导出一整套理论，而进行推导的逻辑依据现在来看就是 ZFC 系统。代数领域同样需要一套推理，所以意大利数学家皮亚诺在 1889 年提出了关于自然数的五条公理，这五条公理简单来说就是定义了什么是 0、1、加法和数学归纳法。根据这套公理可以建立"一阶算数体系"，也叫"皮亚诺算术体系"，所以它相当于代数领域里的欧几里得公设。

而从某种意义上说，代数是比几何更为基础的学科。比如几何里的点、线、面这些概念，都可以用简单的代数形式来表达，中学里的"解析几何"就是干这件事的。所以从这个角度讲人类历史至今所有的数学知识，99.99% 都能用皮亚诺算术体系及其衍生出的定义和命题来表述，因而可以把"皮亚诺算术体系"看作整个数学问题的推理开端。

而哥德尔第一不完备原理说，在皮亚诺算术体系中，肯定有不可被证明的命题。但有意思的是哥德尔起初找到的，符合第一不完备性的命题就是"连续统假设"和"选择公理"，它们并不依赖于皮亚诺算术体系，而是属于集合论里的命题。这两者根本与自然数无关，用 ZFC 集合论公理就可以表述了。之后哥德尔也找到过其他一些类似命题，但它们或多或少都像哥德尔证明不完备定理时用的方法一样，这种命题都像在说："本命题不可被证明。"

如果我们把 ZFC 公理系统比喻成烧菜的炊具，把皮亚诺算术体系比作食材的话，那些命题就好像在说："请你用这套炊具炒一个用这套炊具炒不出来的菜"，那结果当然是炒不出来。所以数学家在想，能不能找一个"正经一点"的，真正像一个可以研究的，且用到皮亚诺算术公理的数学命题，而且是不可被证明的。也就是说，要找一道菜，菜的成分是完全能由食材提供的，但是用 ZFC 这套炊具是炒不出来的。这道菜到 1977 年还真被找出来了，但它不是"帕里斯-哈林顿定理"，而是"帕里斯-哈林顿定理"证明了另一个命题是不可被证明的。

要解释"帕里斯-哈林顿"定理，需要简单理解一下"拉姆齐理论"（Ramsey's theory）。拉姆齐理论就是一大类图论中的排列组合问题，其中有个基本定理叫"拉姆齐定理。有一个经典的拉姆齐理论的应用题。至少有多少人，才能使得里面有三个人互相认识或不认识？你稍微尝试一下就能知道这个人数是 6，这个数字数学家记作 $R(3，3)$。R 就是拉姆齐名字的首字母，括号里的两个参数，表示"三个人互相认识"和"三个人互相不认识"。同理，你可以考虑 $R(4，4)$ 这个数，也就是至少需要多少人，可以使其中必有 4 个人互相认识或者 4 个人互相不认识，这个数字我们已经知道是 18。

而拉姆齐证明过，对 $R(x，y)$，不论 x，y 是多少，拉姆齐数总是存在的，也就是对任意的 x 和 y，存在一个 $R(x, y)$，当人数大于等于 $R(x, y)$ 时，其中必有 x 人互相认识或 y 人互相不认识，这被称为"拉姆齐定理"，也被称为"有穷拉姆齐定理"，因为考虑的总是有限多个人。

你可能认为找拉姆齐数很简单，大不了用电脑枚举一下吧，但这是完全错误的想法。比如，之前我说过 $R(4, 4)$ 是 18，那也就是说，如果是 17 个人，必然存在某种条件下，其中没有任何 4 个人互相认识或不认识。那你现在编个程序，开始枚举所有 17 个人的情况，就会发现电脑程序根本处理不了。因为 17 个人，他们互相之间的认识关系，需要有 $(17 \times 16)/2 = 136$ 种。但是这 136 种关系，可以是"认识"或"不认识"两种情况，所以需要枚举的情况有 2^{136} 种，约等于 2.46×10^{26} 种情况。而在这 2.46×10^{26} 种情况中，只有绝无仅有的一种（合并等价的情况）情况才会导致没有四个人互相认识或不认识，可想而知，暴力破解完全是无用功。所以，我们目前确切知道的拉姆齐数还很少，比如我们还不知道 $R(5, 5)$ 是多少。

埃尔德什曾经开玩笑说，如果外星人入侵地球，威胁人类要答出 $R(5, 5)$ 的准确数字，否则就毁灭地球，那么集中地球的所有"算力"还值得一搏。但外星人如果问 $R(6, 6)$ 是多少，那人类就赶紧逃命吧！

现在我们把"有穷拉姆齐定理"扩展一下，但并不是扩展成"无穷拉姆齐定理"（确实有此定理），而是扩展成"加强的有穷拉姆齐定理"。这个定理的内容我借用一个假想的足球运动员转会故事来解释一下。

假设你是一个球探，足球队老板让你帮他物色一批球员。你找了 20 个有转会意向的备选球员，给他们编号为 1 到 20。球队老板看了名单后提出了一个问题："你能不能从这 20 个球员里找至少 5 个球员，从这 5 个

球探提供了一些备选球员信息，供球队老板挑选。但老板提出了一些奇怪的要求……

球员里任选 3 个球员，使得他们都曾经在同一家俱乐部里效力过，或者都不曾在同一家俱乐部效力过？因为我希望买至少 5 个球员，他们中的任意 3 个人的组合要么是曾经配合过，这样他们配合会比较默契；要么是从没有在一起踢过球的，这样他们就不会拉帮结派，方便我组成新的团队。"

你思索了一下，追问了一个问题："老板，5 个人里取 3 个人的组合有 10 种方式，能不能包括一部分在一起踢过，另一部分不在一起踢过呢？"老板笑答道："当然不能，否则随便选 5 个，不都成了符合要求的吗？"

你尴尬地回答道："确实，那如果我能挑出超过 5 个球员，而且符合这个条件，可以吗？"

老板答道："当然可以！而且我想起来还有个附加条件。你不是把球员都编号了吗，我希望你找出的球员组队踢球时，球员人数要大于等于里面球员编号的最小值。比如，如果你选出了 10 到 14 号球员，他们中任意 3 个都在一个俱乐部踢过。但是里面球员编号最小值是 10，所以不符合我的条件，除非你能把某个 6 号之前的球员加进去，这样，有 6 个球员符合条件，而且大于等于最小球员编号（6）。或者 10 到 19 号球员一起，一共 10 个球员都符合条件也行。我知道我的要求很古怪，但是你就当这是我的一个癖好。"

故事结束了，故事中球队老板的要求就是要使用"加强的有限拉姆齐定理"来处理的问题。稍微整理一下。

从 n 个编号为 1 到 n 的球员（准确地讲是 0 到 $n-1$）里，你要找出至少 k 个球员（故事中 $k=5$），使得其中任意 i 个球员的组合（故事中这个 $i=3$），要么都曾经在同一家俱乐部效力过，要么不曾一起踢过球。另外，你找出的球员数量要大于等于最小球员编号，这就是故事里老板最后提出的古怪要求。

还有，我们的故事只考虑了球员效力于同一家俱乐部或未曾效力于同一家俱乐部两种情况，实际我们还可以考虑这些球员曾经在一起效力过几家俱乐部，比如 0 家俱乐部、1 家俱乐部、2 家俱乐部、2 家以上的俱乐部等，这样有 4 种取值情况。我们可以把取值情况的数量记为变量 j。

因此，"加强的有限拉姆齐定理"，就有三个参数（i，j，k）。最后我们用更接近数学的语言来说，就是从 0 到 $n-1$，n 个自然数构成的集合中，每 i 个元素的组合用 j 种颜色着色。然后从中挑出至少 k 个元素的子集，使得其中任意 i 个元素的颜色都是一样的。并且你挑出的元素数量除了至少是 k 以外，还要大于等于这个子集中最小的自然数。

不知道说到这里，你有没有一种直觉，就是当球员的数量足够大时，是否总能找到符合老板要求的组合。因为球员数量足够多以后，你挑选的余地也越大，虽然老板后面那个附加要求是个障碍，但是球员多了以后，毕竟与较小编号球员的组合可能也增加很多，所以总体上挑选的余地还是会变大的。所以感觉上，只要球员总数够多，总能找到符合要求的球员。

其实你的这个直觉就是"加强的有限拉姆齐定理"，意思就是说对

任意的 (i, j, k) 组合，总存在一个最小的整数 R，使得这 R 个整数内部无论如何着色，总能挑出符合前述规定的一个子集。恭喜你，到这里你已经搞懂了很少有人能懂的"加强的有限拉姆齐定理"。

"加强的有限拉姆齐定理"讲完了，"帕里斯-哈林顿"定理就简单多了，只有一句话：用皮亚诺算术公理无法证明"加强的有限拉姆齐定理"！啊，怎么可能？你是不是有这个反应？因为这个定理看上去就是一个排列组合问题，没有任何神秘之处，为何证明不了？

首先，我们知道哥德尔有"第二不完备定理"。如果皮亚诺算术体系是"一致"的，则它不能证明自己是"一致的"。这里"一致的"意思就是它不会推导出矛盾的结论。如果一个公理体系能证明某个命题既是真，又是假，那这个公理体系就是"不一致的"，我们当然不喜欢不一致的公理体系。而哥德尔第二不完备定理就是说，皮亚诺算术体系如果是"一致的"，那它就不能证明自己是"一致的"。

而帕里斯和哈林顿两位数学家在 1977 年证明了，如果我们能用皮亚诺算术公理证明"加强的有限拉姆齐定理"，那么我们也能证明皮亚诺算术系统是"一致的"。而我们已知皮亚诺算术是一致的，所以皮亚诺算术体系不能证明自己是一致的，因此产生矛盾。所以只可能推出"加强的有限拉姆齐定理"在皮亚诺算术公理体系中不能被证明。

是不是很奇妙，"帕里斯-哈林顿定理"用了哥德尔第二不完备定理，找到了一个符合哥德尔第一不完备定理所预言的"不可被证明"的命题。而这个"不可被证明"的命题是第一个用到皮亚诺算术公理定义的命题，所以它很重要。它告诉我们，"不可被证明"的命题不局限于"连续统假设"这种纯集合论范畴内的命题。

到这里，你可能有个问题，就是既然皮亚诺算术体系不能证明自己的一致性，那前面凭什么说"已知皮亚诺算术体系是一致的"？显然这个证明就是要用到比皮亚诺算术体系更强的公理系统来证明。1936 年，德国数学家古滕森用"超限基数归纳法"（Transfinite induction）证明了皮亚诺算术体系是一致的。当然，在超限基数归纳法下，肯定也有新的不能被证明的命题。

你可能还会问，既然"加强的有限拉姆齐定理"是不能被证明的，那为什么要叫它"定理"，而不是像"连续统假设"一样，叫它"假设"？这跟前面的问题有点像，它还是被证明了，只是使用了比皮亚诺算术体系更强的"二阶逻辑"体系来证明的，而皮亚诺算术体系是"一阶逻辑"，类似地，还有三阶、四阶逻辑等。遗憾的是，无论哪一阶逻辑体系，都存在不可被证明的命题。

最后，你还是会有个问题，为什么"连续统假设"不能用更高阶的逻辑体系证明呢？前面也说过，"连续统假设"是集合论范畴内的命题，也就一个"炒菜工具"的问题。而前面说的一阶、二阶逻辑等是"食材"的问题。"炒菜工具"的问题是没法通过增加"食材"来解决的。

除"帕里斯-哈林顿"定理外，人们又陆续发现了很多其他没有被证明的命题，而且范围涵盖了数论、拓扑学、泛函分析、测度理论等领域。所以说，"不可被证明"的命题在数学中是一个普遍现象，绝不是孤立存在的。而且它们的证明过程也很像"帕里斯-哈林顿"定理，也就是这个命题已经强到足以推导出皮亚诺算术体系的一致性，所以这个命题是不能被皮亚诺算术公理证明的。这些命题的存在，影响了很多人对数学本质的理解。

我觉得逻辑学确实是环环相扣，而哥德尔的两个"不完备"定理则告诉我们，"不可证明"是可以被证明的！

🖋 | 密码学快速趣味入门 |

这一节，我将带领大家快速了解一些密码学的奥秘，我们的互联网身份认证系统就是运用了密码学的相关原理。让我们从两个趣味小问题开始，一起动动脑筋热身一下。第一个问题是：如何在电话里公平地玩"石头剪刀布"游戏?

▊ 要在电话里玩石头剪刀布，怎样玩才能公平呢?

这里我们排除视频聊天的可能，只允许通过电话进行语音沟通。你可能最先想到的是让双方在电话里同时说：1，2，3，出! 然后报出自己要出的石头、剪刀或布。最好线上还有第三方监听我们的声音，以确保双方差不多同时说出。但这种操作显然很麻烦，而且因为信息传输的延迟，双方恐怕对第三方的监督结果都难以信任。

并且如果参与的两个人都比较"坏"，等双方说了"出"这个字之后，就双双陷入沉默，那就尴尬了。这样的话双方的信任感就再也无法建立，这是很棘手的问题。以下是一种公平且让双方信服的玩法，其中用"你""我"两人作为参与者举例。

假设石头、剪刀、布分别用三个数字 0，1，2 表示。然后我打电话跟你说：我要出的数字就是我妈妈身份证的最后一位数（中国身份证最后一位是校验码，我假定它从 0 到 9 的概率均等）除以 3 的余数。好了，我已经出好了，而且我可以在事后马上把我妈妈的身份证复印件发送给你看，但是你现在必须先告诉我你出什么！

此时你如果想明白的话，你可以放心地告诉我你想出石头、剪刀还是布。之后我只需要给你发送我妈妈的身份证复印件就可以了，你看，一个身份证简单解决了所有问题。

当然，我必须确信，你是不知道我妈妈身份证最后一位的，所以我也得要求你迅速地告诉我，你想出什么。你不能等一天再告诉我，因为我不能保证这一天里，你会不会找我爸妈联系一下，去询问身份证号码。如果觉得用妈妈的身份证不安全的话，还可以用比如"去年的今天上证指数"作为担保，但是你也得马上告诉我你的出拳结果。总之，一些确定性的历史数字信息，但又是对方不方便查询到的，都可以作为这种游戏的"担保"。

以上这种方法并不是"奇技淫巧"，它是很实用的。比如说我与你交易一样物品，我买你卖，但是我们都不想先开价，都想让对方先出价，这样双方都感到很尴尬，这就是以上技巧的一个典型应用场景。生活中会有这种场景。两人要交换一个信息，但是两人谁都不想先透露出这个信息，因为首先透露信息的一方会吃亏，所以上述方法就可以派上用场。

接下来讨论另外一个相关也很有意思的问题。你想不想知道你们部门的平均工资？你很想知道别人拿多少年终奖对不对？但是肯定没有人愿意直接把自己的工资公开出来。那有没有一个方法能够知道部门的平均工资，但又不会泄露自己的工资？

先看看这个方法。假设你的部门一共有 10 个人，从你开始，你把自己的工资加上一个随机数。比如你现在工资是 8888，那你加上一个随机数 1 万，你把 18888 这个数悄悄告诉你部门中的下一个人。下一个人把这个数字加上自己的工资再悄悄告诉下一个人。以此类推，一直到第十个人。那第十个人就把他得到的数字加上他的工资告诉你。然后你把这个数字减去 1 万，就得到了部门总工资。

你把数字除以 10 就可以很开心地告诉大家你们部门的平均工资，尽管你们的部门经理可能会发火！以上方法虽然可以操作，但也有一个比较大的缺陷。比如，你跟第三个人提前串通好，这时第二个人的工资就暴露了。因为你把第三个人得到的数字，减去你自己告诉第二个人数字就是第二个人的工资。略加思考，你会发现，任何两个人串通，都可以得到一些额外的信息。所以我们能不能改进一下这个方法，使得对于十个人的部门，只有其中九个人串通起来才能知道另外一个人的工资？

我们可以这样做。每个人把自己的工资任意拆成 10 个数字之和，可以有正有负。然后每个人把这 10 个数字写在 10 张卡上，交给其他人每人 1 张，自己手上留 1 张。所有人都如此操作后，这样每个人手里都有 10 张卡。每个人把自己手里的 10 张卡上的数字加起来就可以大声宣布出来，把每个报出的数字相加就得到了全体 10 个人的工资之和了。其实如果大家不在乎笔迹的话，也可以把所有人写的卡集中在一起，洗匀后再一一累加。

两个游戏讲完了，热身完毕，其实这两个问题体现的思想是与密码学是息息相关的。让我们看看如何利用以上游戏中的思想来分析和改进一个假想的"电话银行"系统（其实是网络银行的模拟）。假设你希望通过电话操作你的银行账户，你打给了银行服务热线，一开始的对话大概是这样的：

> 银行客服：您好，这里是 ×× 银行。请问有什么可以帮您的？
>
> 你：你好，我想转账。
>
> 银行客服：没问题，请问您的卡号是？
>
> 你：我的卡号是 ×××
>
> 银行客服：请问您的预留密码是？
>
> 你：我的密码是 ×××
>
> 银行客服：（停顿 2 秒，验证密码正确）好的，×× 先生，请问您要转账到哪个账号？
>
> ……

以上过程看似非常合理，银行通过你预留的密码顺利验证了你的身份。但请问，是否还有可以改进的地方？你会发现，最不舒服的一步是通过电话向银行报出了你的密码。电话是很容易被监听的。另外，我们也希望整个对话过程是被"加密"的，即使被窃听，也不会造成有用信息的泄露。那就让我们看一下，密码学如何应对"身份验证"和"信息加密"这两大基本需求，先关注一下信息加密。

稍微借用本节开头游戏中的思路，我们可以这样对话，起到信息加密的效果：

（电话中）你：我要转账的账号加上我预留的密码是：3770…6017，转账金额加上我预留的密码是：1239…4128。

银行客服：好的，这就给您处理。（停顿几秒）转账完成了，您的账户余额加上您预留的密码是：7828…6645。

以上过程中，因为银行拥有你的密码，所以可以正确处理你的转账需求。而窃听者听到这段对话（假设没有窃听到你之前报出的密码），则无法确定你需要转账的账号、金额和余额。

此时可以说我们用你预留的密码作为"密钥"，创建了一个"对称加密体系"，知道你预留密码的人，都可以正确地进行加密和解密。因为加密和解密都使用同一个"密钥"，所以称为"对称"加密。互联网上，所有信息都是用数字传输的，所以，对话信息都可以用这种办法进行加密和解密。这种加密方法的缺点也很明显，所有的保密工作都依赖于这一个密码。如何把密码信息安全地保留在银行也是一个问题。

解决以上问题的一种方法是经常更换密钥，但这是一个极为麻烦的过程。有一种改进的方式如下。

（电话中）你：我要转账的账号和金额已经通过电子邮件发送给您。

银行客服：好的，我这就检查一下邮件（停顿几秒）……

好的，已经看到邮件，这就给您操作。

以上过程中，我们相当于使用电子邮件系统完成了一次加密信息传输。当然，现实中电子邮件远没有你想象的那么安全，所以不建议用它传送特别需要保密的信息。但在这里，我们假设电子邮件是安全的，那么这次电话通话的一大优点是再也不怕被窃听了！对话的内容完全可以公开，需要保密的信息都在邮件里。

这种情形中，我们相当于是用"电子邮件地址"作为"加密密钥"，银行用邮箱密码作为"解密密钥"。加密与解密使用不同的密钥，因此这被称为"非对称加密体系"。在这个体系中，银行的电子邮件是公开的信息，因此被称为"公钥"；银行的邮箱密码是保密信息，因此被称为"私钥"。因为公钥是可以随意公开的信息，避免了对称加密体系中，密钥分发过程中的安全隐患。

现实中，人们会利用一些计算"非常困难"的数学题来产生非对称密钥。比如在很常见的非对称加密体系 RSA 算法中，就利用了如下的数学题。

给你一个由两个很大的素数 p 和 q 相乘所得的合数 s，请你将 s 分解质因数，你能做到吗？

数学家已经证明，只要 p 和 q 足够大，那么对 s 的质因数分解就是十分困难的，即使用计算机，都可能需要算好多年。于是有人设计了一种算法，近似将 p 作为"公钥"、q 作为"私钥"使用（具体算法细节请各位自行查阅）。

非对称加密体系虽然有明显的好处，但也不是处处比对称加密体系优越。其有一个最大的缺点是使用非对称加密体系加密过的数据，数据量会翻倍。比如，原先大小是 1G 的数据，加密后会变成 2G。而对称加密体系中，加密后的数据与原来的大小基本是一样的。因此实际应用中，我们并不总是使用非对称加密，而是经常使用如下过程中提到的"密钥交换"。

（电话中）你：你好，我已将今天操作需要使用的密钥，通过电子邮件发送给你了。

银行客服：好的，我这就检查下邮件……好的，已经看到邮件，我也将把我今天需要使用的密钥用邮件发送给您。

你：好的，我收到了。我今天需要转账的账号加上你发给我的密钥，结果是×××；转账金额加上你发给我的密钥，结果是×××。

银行客服：（停顿几秒，将收到的信息减去发送出去的密钥，进行"解密"，然后操作转账）好的，操作已完成。您的账号余额，加上您发给我的密钥，结果是×××……

你：（停顿几秒，将收到的信息减去自己发送出去的密钥，进行"解密"，确认账户余额）好的，没有问题！

会话开始时的这种交换密钥的过程，称为"密钥交换"（key exchange）。"密钥交换"的目的在于产生本次会话需使用的临时密钥，然后就可以转为对称加密体系，这样以节省数据传输量。因为临时密钥的有效期很短，"黑客"盗取它的动力大大降低。

以上差不多解决了信息加密传输问题，还需要解决一个"身份认证"的问题。银行怎么确认"我"是在操作"我"的账户呢？我又怎么相信，跟我对话的是正牌银行客服呢？

银行确认用户身份是比较容易的，因为用户在银行开户时，总会留下密码、手机号、身份证号等识别信息。银行可以通过让用户输入密码、身份证号或手机接收到的"验证码"来验证用户身份。

用户验证银行客服身份的真实性就麻烦多了。别小看这个问题，设想你打电话时，拨打到一个虚假的银行客服电话上。骗子接到电话后，完全可以偷偷拨通正牌的银行客服电话，然后将你的对话，完整地"转答"给正牌银行客服，再将正牌银行客服的答复转达给你。

对你来说，你感觉到的就是一个真正的银行客服（虽然响应有点慢），银行也感觉到在与一个真正的客户对话，但是你们的对话全都被骗子听到了，这就是大名鼎鼎的"中间人攻击"！

虽然按照之前所述的，通过电子邮件实施非对称加密后，这个骗子即使听到了你与银行的对话，也不会得到很多有用信息。但是现实中，一个冒充正牌银行的网站，完全可以在你一开始输入密码时，就窃取你的密码，然后转发至正牌网站，实施"中间人攻击"。虽然你感觉正常完成了网银交易，但是你的密码已经暴露了。因此，让用户有办法验证自己打开的网址确实是某个银行的真实网银地址、接电话的是真正的银行客服，是十分必要的。

但银行无法为每个想验证网银地址和银行客服身份的用户提供不同的密码（即使能提供，在使用中也是很不安全的），因此无法用密码这种方式验证。也许你不相信，目前支撑互联网网址信任的机制就是在互联网时代之前就有的古老的"证书"机制。这种证书相当于是一种身份证或营业执照。但由于互联网的特殊性，人们又不得不采用种种手段，确保这种证书机制的安全可靠性，下面简单介绍一下。

当你打开一个以"https"（而不是"http"）开头的网站网址时，这意味着它可以提供给你一份证书，来证明这个网站身份的真实性。所以，任何一个不是"https"开头的网银地址，都是假网银。

你在浏览器中，可以查看这种证书的内容，比如工商银行的证书。

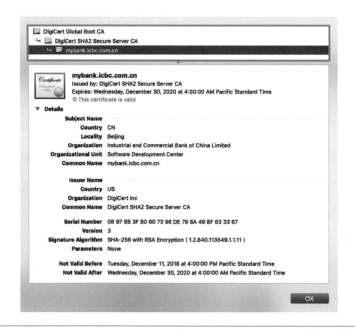

工商银行的网站证书。

从证书内容中，你确实能看到这个证书是颁给工商银行的，但是怎么相信这是真的呢？对计算机网络来说，这个"证书"只是一串二进制数字，我自己给自己颁一张这样的证书行不行（其实生成互联网证书的软件是开源且可以随意使用的）？

实际的解决方案参考了现实中的大学"学历"证书发放机制。教育部授权各个大学颁发证书，各个大学在考核学生资格后，给学生颁发证书。

从上图中我们可以看到，给工商银行网站颁发证书的是一个名为"DigiCert SHA2 Secure Server CA"的机构，我们也可以直接查看这个机构的证书。

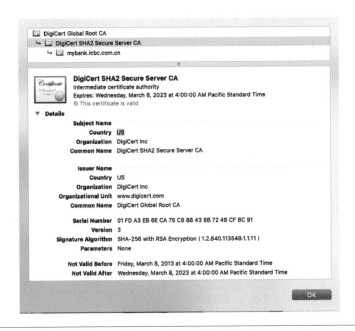

DigiCert SHA2 Secure Server CA 的证书，其发放者是"DigiCert Global Root CA"。

这个机构相当于大学的一个"系"，它给工商银行这个"学生"颁发了证书。当然在颁发前，DigiCert 肯定向工商银行索要了能证明其身份的一些文件，比如营业执照等。

而 DigiCert 本身的证书又是"DigiCert Global Root CA"颁发的。

但是问题来了，如果这个"DigiCert Global Root CA"机构算一个大学的话，我们怎么知道它是可以被信任的呢？它不会滥发证书吗？当然，它可以提供再上一级机构给它发的证书，但层级再多，总有一个尽头，迟早会面对这个问题。所以我们需要有一个"教育部"来管理这些"大学"。这个"教育部"就是我们常用的互联网浏览器。

我们的浏览器中，存储了它们信任的所有"根证书"发放机构（Root Certificate Authority）的信息。所谓"根证书"就是一个网站证书的顶级

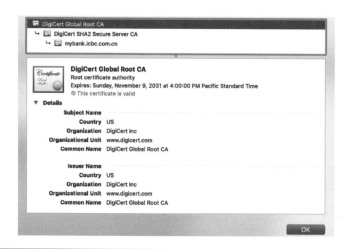

> DigiCert Global Root CA 的证书，从图中可以看出，发放者是其自身——"DigiCert Global Root CA"，我们需要其他"信源"使我们能信任它，这个信源通常是我们的浏览器或操作系统。

发放机构，因此称为"根"（Root）。对 Chrome 浏览器来说，它就是使用操作系统中存储的根证书信息。比如，我在我使用的 MacOS 系统里找到了"DigiCert High Assurance EV Root CA"的根证书。

存储在操作系统内的 DigiCert 机构的根证书，这表明我们的操作系统信任 DigiCert 机构。

这份证书的签发者就是其自身了，而我们信任它的依据就是浏览器信任其已经存储过的根证书，所以我们的浏览器就相当于"教育部"。这样我们也明白为什么众多厂商都热衷于推出自己的浏览器了。因为浏览器掌握着信任哪些机构的根证书的权限，也就掌握了发放证书的话语权，这是极大的权力。

但是问题没有结束，这些证书信息都是公开信息，怎么防止它被冒用呢？比如，我把工商银行的证书复制下来放到我自己的网站上，可不可以呢？这是做不到的，因为网站证书规定了这份证书适用域名的范围。比如之前图中的工商银行网银证书适用范围就是——mybank.icbc.com.cn，表示这个证书只可以用在这个域名上。

但问题又来了，如果有人下载了工商银行的证书，修改了证书里有关域名的部分，再用在自己的网站上，这样可以吗？答案是肯定不可以。原因在于证书是自带"防伪"功能的，这种防伪功能就是"数字签名"。

生活中，我们用签名来防止"抵赖"和"篡改"约定，"数字签名"的作用也类似。试想一下这个问题，你借给好朋友张三一笔钱，你让张三写一张借条给你。但是你们不在同一个城市，快递太慢，张三只能发送电子邮件作为借条。你怎么能使这张借条更为"可靠"，使其有"防抵赖"和"防篡改"的效果呢？

当然，第一步是让张三手写一份借条，签名之后，与身份证放在一起拍照，然后将照片作为邮件附件发送给我。但我还会要求张三使用一个有实名认证的邮箱发送这封邮件，比如是其工作邮箱。

第二，我会要求张三在邮件里注明以下文字信息：

"本邮件的附件为本人张三向大老李借款 ××× 的借条图片，图片大小为 ×××× 字节。"

从"防抵赖"效果来讲，如果邮箱的安全性是可靠的，那么张三就很难抵赖说"那份邮件不是他发的"。从"防篡改"效果来讲，因为邮件内部添加了照片大小信息，使得要篡改这张图片的难度大增。

同样的思路，网站证书发放机构也可以在发放证书的时候，同时出具这封证书的一些附加信息。当然，此处添加证书文件的大小信息是不起作用的，因为黑客很容易在保持文件大小不变的情况下，修改证书内容。人们采用的是密码学中非常重要的"哈希"（Hash，也称"散列"）算法。

"哈希"算法要解决的是这样一个问题，能不能找出一个函数，可以很容易地将一个较大的数字映射成较小的数字，但是其"逆运算"却很难。也就是知道一个较小的数字，不能很快计算出哪个（或哪些）较大的数字能映射到它。这种函数给人的感觉是"单向"的。

看一下实际生活中，使用的"哈希"算法的例子就很容易理解了。比如，DigiCert 根证书发放机构所使用的签名哈希函数是"SHA-1"，在自己的电脑上，我们可以很容易地对两串中文字符（对计算机来说，字符串的本质是数字）使用这种算法：

echo"张三向大老李借 100 元" | shasum -a 1
90536cb8469901d8ec660d59a4a2aae923a26c59 -
echo"张三向大老李借 101 元" | shasum -a 1
61f24b403471bab639e4d58b2b9b2dd144444d66 -

可以看到，虽然两串中文之间的差异极小，但是使用哈希函数的输出结果差异是巨大的。更妙的是，给定一串哈希函数的输出，你无法很快找出这是哪串字符串的哈希结果。比如，df 37f 7b03b7c342d 555 e209 a648485c01e1f0d6d，它实际上是这串字符的哈希结果。

echo "张三向大老李借 10000000 元" | shasum -a 1

df37f7b03b7c342d555e209a648485c01e1f0d6d-

问题是，如果我不说，谁都不会（至少是非常困难）知道以上结果。所以，你可以发现，使用哈希函数可以起到防篡改的作用。

证书发行机构在发行证书的时候，包含了这张证书的"哈希"信息（从前面的截图中也可以看到）。浏览器在得到证书的内容后，会计算每份证书的"哈希"值，与证书包含的哈希值进行比较。如果不同，那就表明这张证书被篡改了，浏览器就会拒绝这份证书。

但还有一个问题，篡改证书的人是不是也可以将哈希函数信息一起篡改呢？当然，人们早就想到了这一点，并做了防范。解决办法就是哈希函数信息并不直接以明文方式存放在证书里，而是加密过的。

这里需要回到之前提到的"非对称加密体系"。在"非对称加密体系"中，我们提到了一个可以公开的"公钥"和一个需要保密的"私钥"。通信时，我们使用信息接收方的公钥对信息加密，接收方用其私钥对信息解密。但人们也发现，算法中，公钥和私钥的地位是对等的，也可以用私钥对信息加密，用公钥解密。

比如，张三可以用他的私钥对如下信息进行加密，再通过邮件发送给我。

"张三向大老李借 1 千万元"，借条照片的哈希值是：

df37f7b03b7c342d555e209a648485c01e1f0d6d

所有人都可以通过张三的公钥解密上述信息，因此人们可以确信此信息是张三发的，其他人无法产生上述信息。然后，人们再检查图片的哈希值是否符合信息中提到的哈希值。如果一致，则可以确信这张图片没有遭到篡改。

同理，在网站证书中，证书发行机构在计算出证书的哈希值后，将其加密（图片中可以看到加密算法是 RSA 算法——with RSA Encryption），再与证书放在一起。浏览器得到证书后，会将证书用证书发行机构的公钥解密，然后再计算证书的哈希值，并与解密后显示的哈希值比对，如果一致才接受此证书。以上这个用非对称加密体系加密过的哈希值，就是"数字签名"在"防抵赖"和"防篡改"的目标下所使用的全部奥义。

但可能读者还有一个问题（这是真正的最后一个问题了）：如果有两段不同的内容，它们产生的哈希值一样，这样是否可能被黑客利用呢？哈希函数可以从一个很大集合中的数字映射到一个较小的数字集合中，所以，理论上，必然存在不同的字符串具有相同的哈希值，这种情况被称为"碰撞"。

如果有人很容易构造出两串具有相同哈希值的字符串，那么这种哈希函数就是不安全的。2017 年，谷歌公司公布了两个不同的 pdf 文件，它们却具有相同的 SHA-1 哈希值。

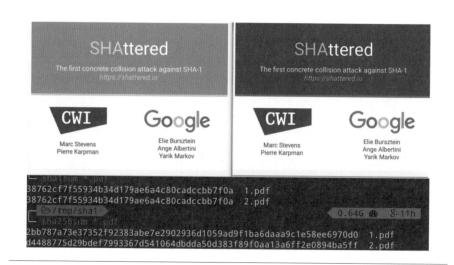

谷歌公司公布的两个可以正常打开的 pdf 文件，其具有相同的 SHA-1 哈希值，但有不同的 SHA-256 值，这证明它们是不同的文件。

这说明 SHA-1 算法已经不那么安全了，但也不必恐慌，谷歌公司为了寻找这样的碰撞，动用了大量的计算资源，据说若用一台计算机算出这个"碰撞"需要 6500 年。而其他可以用的哈希函数还有很多，人们会根据需要，逐步淘汰落后的算法。

总结一下，为了验证一个网站身份是否真实可靠，浏览器在打开以"https："开头的网址并下载到网站证书后，会帮我们做如下事情：

- 检查证书的"根证书"发行机构是否被信任。
- 证书所注明的域名是否与网站域名匹配。
- 检查各级证书是否都在有效期内。
- 对各级证书的签名部分，使用证书发行机构提供的公钥解密。将解密所得的哈希值与证书中提供的哈希值比对，查看是否一致。

任何一个步骤失败，浏览器都会弹出一个类似的警告窗口：

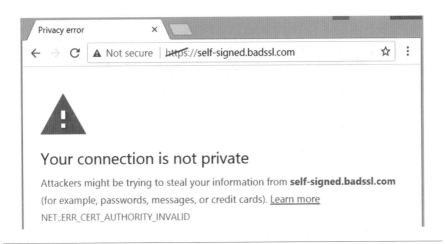

浏览器发现证书有问题时的警告信息，该警告提示网站所使用的证书是"自签署"的，而不是来自信任机构的。

就这样，经过如此烦琐的过程，人们终于解决了对网站身份的信任问题。这个过程谈不上理想，其最终实现还是依靠人们对根证书发行机构的认可。但技术上，实现"数字签名"的过程非常有意思，是值得学习的。也希望你对网站加密和身份认证的基本原理有所了解。

区块链和去中心化

✍ | 漫谈 AlphaGo、围棋、数学和 AI |

围棋是我小时候最喜欢的棋类游戏之一，更重要的是，围棋与数学有很多特别的联系。本节就聊聊围棋与数学的关系以及最近大热的人工智能话题。

围棋与数学相关的第一个问题就是围棋有多少种变化？很多书上会有这样的结果：$3^{361}=1.74×10^{174}$。理由是围棋盘有 19×19=361 个落子位置，每个位置有落黑子、白子或不落子三种选择，因此会有 3^{361} 种选择。这

▌围棋盘的一角

个数值固然能证明围棋变化有很多（宇宙中的原子数目约 10^{80} 数量级），但这个数值无疑是不精确的，它包含了很多"非法"的状态，即棋盘上有些子处于"无气"状态。因此就有一个问题：围棋的"合理"变化，即没有无气死棋的变化有多少种？这个问题就困难很多。

用计算机枚举所有 19×19 的棋盘状态并判断每个状态是否合理是不可能的，但早在 2006 年就有人做了实验：随机产生一个棋盘状态，并考察"合理"变化的概率，其结果约为 1.2%，由此可知围棋的合理变化数值约为 2.08×10^{170}。但精确数值直到 2016 年才由约翰·特洛普在一篇长达 38 页的论文中给出确切数字，即：

208168199381979984699478633344862770286522453884530548425639456820927419612738015378525648451698519643907259916015628128546089888314427129715319317557736620397247064840935

之所以用了 10 年时间才计算出确切结果，原因在于算法还不完善，需要不断优化才能实现目标。有意思的是特洛普使用的算法中还用到了"中国剩余定理"，但即使如此，最终算法的时间复杂度仍然达到了 $O(m^3 n^2 \lambda^n)$，其中 λ 是一个约为 5.4 的常数，m 和 n 分别是棋盘的长和宽的路数，标准围棋盘中，这两者都是 19，因此这仍然是一个具有指数级复杂度的算法。另外这个算法的空间复杂度也需要 $O(m\lambda^m)$，因此算法不但浪费时间也很费磁盘空间。

正式的计算从 2015 年 3 月开始，到同年 12 月才结束，产生的中间文件有 30 PB 字节（$1PB=10^6GB$）之巨。有意思的一点是观察不同大小围棋盘的"合法"局面占所有局面的比例变化，有如下表格：

不同大小的围棋盘中的合法棋局变化数量

盘面大小 $n \times n$	3^{n^2}	合法的比例（%）	L（合法局面）
1×1	3	33.33	1
2×2	81	70.37	57
3×3	19,683	64.40	12,675
4×4	43,046,721	56.49	24,318,165
5×5	847,288,609,443	48.90	414,295,148,741
9×9	$4.43426488243 \times 10^{38}$	23.44	$1.03919148791 \times 10^{38}$
13×13	$4.30023359390 \times 10^{80}$	8.66	$3.72497923077 \times 10^{79}$
19×19	$1.74089650659 \times 10^{172}$	1.20	$2.08168199382 \times 10^{170}$

数据来源：http://en.wikipedia.org/

可以观察到棋盘越大，合法局面的比例越低，这一点是符合直觉的，但它还只是一个猜想。特洛普也给出了一个 $m \times n$ 棋盘的合理变化数的近似公式：$L \approx AB^{m+n}C^{mn}$，其中 $A \approx 0.85$，$B \approx 0.97$，$C \approx 2.98$。看着这几个奇怪的数字，怎么也不像"正确"答案啊。希望未来能有人给出"准确"的推导公式。

无论如何，围棋的复杂性是毋庸置疑的，这使得针对围棋的 AI 程序的开发曾是历史上的一大难题，也是我从小就很关心的一个问题。我玩的第一个有关围棋的 AI 游戏是在 1992 年左右，央求父母花了一百多块钱买到的一个围棋 FC 卡带，但这盘卡带的水平让我大失所望，可以说它除了知道围棋规则，几乎一无是处。我可以很轻易地战胜"计算机"，所以玩了一会儿就完全放弃了。

所以那个时候，我开始关心最先进的有关围棋的 AI 程序是什么样的水平，但结果同样让我大失所望。当时，每年都会进行一次世界计算机围棋锦标赛，每年决出的计算机围棋冠军都会与当时业余四五段的棋手进行一场对弈。但在 20 世纪 90 年代前期，即使是世界计算机围棋冠军，也要被业余棋手让几十个子之多。

值得一提的是在此期间，我国中山大学化学系教授陈志行，在退休后潜心开发有关围棋的 AI 程序，其开发的"手谈"程序，在 1995~1998 年的围棋 AI 大赛中获得七连胜。"手谈"最佳的成绩是对战业余高手，结果是被让 10 子获胜。虽然这是当时的最佳战绩，但是被业余高手让 10 子仍然是一个巨大的差距。

从 1990 年到 2006 年，有关围棋的 AI 程序还基本都采用"模式匹配"和"启发性思考"的方法下棋，这也是 IBM 的国际象棋高手计算机"深蓝"所采用的基本算法思路。在 1997 年，计算机"深蓝"击败了当时国际象棋的最顶尖棋手卡斯帕罗卡，相比之下，我这个围棋爱好者真的是有点嫉妒。让计算机下围棋为什么会这么难？主要原因有两个，一个是前面说的围棋的变化数量实在太大，另一个难点是如何进行有效的局面评价。

当你下出一步棋，可以让计算机随机选择下一步，但是走这步棋，到底是好棋还是坏棋，怎么让计算机判断呢？国际象棋中有很简单的方法，即子力比较。国际象棋一开始双方子力是一样的，你可以对不同的子赋予不同的分数。比如，"后"是最高的子力，给"车""马""象"等都可以赋予相应的分数。然后根据双方子力的存留情况，就很容易给出一个大概的局面评价结果了。

不过此方法对围棋完全不适用。官子阶段也许勉强可以如此计算，但是在棋局刚开始，棋盘极为空旷的时候，人们完全找不出针对一个局面的静态评估方法。即使在人类的高手之间，对局面的评价有时都会有分歧，更何况用计算机。所以，由于上述关于围棋的 AI 程序设计的两大难点，当时有人（包括我）悲观地认为在一百年内，不会产生战胜人类九段棋手的围棋 AI。

但围棋 AI 程序设计在 2006 年有了一次跳跃式发展，有人把一种新的算法用到围棋当中，这就是蒙特卡罗算法（Monte Carlo Algorithms，简称 MC 算法）。什么是"蒙特卡罗算法"？举个简单的例子，我小时候刚学习使用计算机的时候写过一个很小的程序来计算 π 的近似值。计算 π 的近似数值，当然可以用级数求和，但我们这次采用的是另外一种"笨"办法。

在平面坐标系上，以原点为中心，以 1 为边长画一个正方形，在这个正方形里面画一个内接圆。再令计算机产生一对范围在（−1，1）的数字，作为某个点的坐标，比如（−0.4566，+0.254447），计算一下这个点到原点的距离。可知，如果该点到原点的距离小于 1，则该点在圆内，否则在圆外。如此不断尝试，比如 100 万次。那么可以把落在圆内部的点的数量去除以 100 万，可认为这个比值 s 会近似等于这个圆的面积除以它外接正方形的面积：

$$(\pi \times 1^2)/(2 \times 2) = \pi/4$$

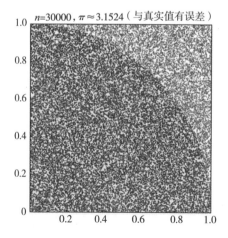

$n=30000，\pi \approx 3.1524$（与真实值有误差）

蒙特卡洛方法求 π 的示意图。根据落在四分之一圆内的点数与总点数的比值，就可以求出 π。

则有：

$$s \approx \pi/4 \Rightarrow \pi \approx 4s$$

这个方法相当巧妙，不需要太多的数学知识，纯粹像掷硬币一样，用概率的方法来计算出 π 的值。因为蒙特卡罗是欧洲的一个著名赌城，而概率论最早发展出来的时候，也经常是被用来处理一些和赌博相关的问题，所以大家就把这种与概率相关的算法，叫作"蒙特卡罗算法"。

那么这种算法又是怎么用到围棋里面的呢？前面提到过，围棋 AI 程序设计的一个难点是对局面的评价，有人想出这样一个办法。电脑"看到"一个局面后，不再用"启发式"算法寻找最佳着点，索性让双方开始"随机"地下棋，下到最后，再看看谁输谁赢。

那有没有这样一种可能：当一方在某个局面下处于优势地位时，即使双方接下来胡乱下棋，开始优势的一方最终赢棋的可能性也会更大一点。有人通过这种尝试发现实际还真的很符合这种情况，所以"蒙特卡洛算法"就可以成为一种局面评估手段。只要让电脑拼命地随机下棋，找出下在哪个位置能使本方获胜概率最大，就选择下在哪里。

当然在实际应用时，"算法"比纯随机还是要"聪明"点。一旦计算机发现某一步赢棋可能性增大，在随机采样的过程中会把这步棋的采样频率略微地提高一点。这样可以更多地使用这步棋，才可能更准确地得到最后的获胜概率。

这个"算法"听上去是有点"笨"的，因为它就相当于是通过两个"傻瓜"下棋来判断局面一样。但没有想到的是，这个"算法"其实是相当有效的。自从引入蒙特卡洛算法之后，所有启发式算法程序就退出历史舞台了，围棋 AI 程序的棋力开始迅速上升。到 2012 年的时候，计算机围棋程序"Zen"，已经可以在著名的在线围棋对弈网站 KGS 上保持六段的水平。

2006 年，蒙特卡洛算法被引入围棋 AI 程序，是计算机围棋发展史中一个相当重要的节点。我刚听到这个消息时，心里还是有点不服气的。因为我觉得这种算法有点贬低了围棋的奥义，好像说，围棋只要不停地随机下，就能找出最好的围棋着点，这不是我心目中最理想的围棋 AI 方式。但也没办法，这个方式直到现在，仍然是围棋 AI 程序中最有效的价值评估方式。

2012 年，围棋 AI 程序又有了一些突破性的进展。"Zen"在对日本棋手武宫正树九段的让四子棋的对局中，取得了胜利。同一年，围棋 AI 能够在 7×7 的棋盘上"完美解决"围棋问题，"完美解决"的意思是，计算机已经计算出了从第一步到最后一步的最佳下法，这也是一个非常了不起的成就。但是这个成就并不能很好地扩展下去。由于计算量呈指数级增长，对于 9×9 的棋盘，计算机完全无能为力。

还有一则新闻是，计算机可以完美解决特定的官子"排局"。而且这个官子局面，即使人类的九段高手，也是没有办法完美解决的。其原因在于每个官子的价值，虽然有很多成型的计算规则，但官子的价值计算仍然是十分复杂的。对一个业余学棋的人来说，也许一辈子都算不清一些官子的确切价值。九段高手当然能够很好地去计算单个官子的价值，但是要完美解决一个特定官子局面，对九段高手来说，也是一个非常大的挑战。考虑到场面上有很多官子，到底是先走一个双方先手的官子，还是先走一个"逆收"的官子？再或者是先走一个后手很大的官子？这里面的分枝条件太多了，你认为这个官子是双方先手，但是你走的时候，对方很可能认为局面中有更大的官子，就不应，一下子使你之前的计算都失效了。

你可能认为，官子局面时，棋盘上的落子之处大大减少，有关围棋的 AI 程序应该可以更好处理，其实不然。数学家已经证明了围棋的官子问题属于"多顶式空间"问题，这种问题的复杂度是大于等于 NP 问题的。所以近期内，绝无一个通用 AI 程序可以处理完美解决任意的围棋官子局面。

无论如何，2012 年，围棋 AI 程序在设计开发上取得了很大突破，这是"蒙特卡洛算法"统治的时期。之后就是到 2016 年，AlphaGo 的横空出世，一下子惊呆了所有人。我一开始还认为 AlphaGo 赢不了李世石，没想到结果完全出乎了我的意料。当然我那时候是非常兴奋的，也很开心 AlphaGo 实现了我儿时的一个心愿——目睹计算机程序可以击败顶级围棋高手。

简单地介绍一下 AlphaGo 的思考方式。AlphaGo 有两套"大脑"或叫"神经网络"。第一个网络叫"策略网络"（Policy Network），它帮助 AlphaGo 从当前的围棋局面当中筛选出应优先考虑的一手棋。围棋棋局刚开始时的棋盘是十分开放的，每一步棋理论上都有 200~300 种可能的下法。如果让计算机一开始就对每一种着法进行评估，显然效率是非常低下的。"策略网络"可以帮 AlphaGo 快速筛选出主要应该去考虑的下一手位置。

"策略网络"的构建方法就是模仿人类的想法，通过不断地打谱，把历史上所有人类下过的，特别是高手下过的棋谱，不断地输入进去。打谱之后，神经网络可以"记住"在一个特定的局面下，人类最有可能落子的一些位置。

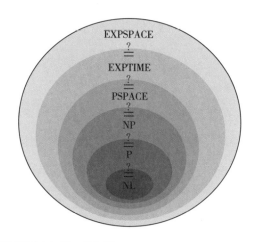

算法复杂度类型的关系图，越是内部的算法类型越"简单"，越外部越"复杂"。图中，任意两个相邻的算法复杂度类型是否相等，都还是开放的问题。

比如说开局阶段，在打了不少的谱后，AlphaGo 会发现，原来人类第一步下在角落上的可能性是最高的，然后发现角上出现最多的是"小目""星""三三"这些位置，之后又发现第二步在哪些位置出现的概率最高。渐渐地，策略网络会"发现"布局有"定式"，中盘有"打入"或"浅消"等下法。虽然没有人指导 AlphaGo 下棋，但是 AlphaGo 打谱的速度是飞快地。

以上过程说起来容易做起来难，因为打谱的目标不能是单纯地模仿人类。即使在棋局中遇到了与前人一模一样的局面，也不能说，下一步这个九段高手下的一定是最好的。且同样的局面，不同的人也会有不同的下法，所以 AlphaGo 内部需要一系列参数来"记忆"最可能的下法。

有人对 AlphaGo 做过一个实验，给 AlphaGo 一个人类高手棋局中的局面，让 AlphaGo 猜测人类高手下一步的最可能落点，结果整盘棋它能猜对一半，这实际上已经是一个非常好的成绩了。但为什么不让 AlphaGo 猜对 80% 或 90% 呢？因为那样不一定更好。即使是九段高手，也不能说他下的每步棋都是最好的。能学到高手一半的着法，我觉得是相当合适的一个程度，再高就可能过头了。

现在 AlphaGo 可以根据棋盘上的一个局面，迅速筛选出 4~5 个最有可能的着法，那么怎么评价这些着法的好坏呢？这就要用到"价值网络"（Value Network）。AlphaGo 在这方面用的主要也是"蒙特卡洛算法"，但因为 AlphaGo 有很好的"策略网络"，它可以增加每个局面下最有价值的着点的权重，再进一步用"蒙特卡洛算法"来筛选。所以它的"价值网络"与"策略网络"是有关联的。"蒙特卡洛算法"已经在之前的围棋 AI 程序中，被证明在局面评价方面是相当有效的，所以 AlphaGo 就依靠它的这两个"大脑"下棋。

当人们认为 AlphaGo 已经是"围棋之神"时，2017 年，AlphaGo 的进化版 AlphaGo Zero 问世了。AlphaGo Zero 与 AlphaGo 的区别在于，AlphaGo 需要打人类棋谱，它默认人类的下法是"比较好"的，是需要学习的，用术语说这是"有监督的学习"。

但是既然有可以评估局面的"价值网络"，AlphaGo 也可以从零开始，自己与自己对弈，在自己的棋谱中"总结"好的下法，训练自己的"策略网络"，这叫"无监督学习"。这也是 AlphaGo Zero 中"Zero"的含义，一切从零开始！

对人类来说，靠自己跟自己下棋提高棋力是非常愚蠢的行为，大概下一辈子，人类也很难搞清很多常见的死活题。但是 AlphaGo Zero 是一个无须休息的机器，它每天可以进行百万局自我对弈，短短 3 天后，棋力就击败了当初击败李世石的 AlphaGo 版本，21 天达到 AlphaGo Master（有监督学习下最强的 AlphaGo 版本）的水平，41 天后击败之前所有的 AlphaGo 版本。据估计，目前 AlphaGo Zero 至少可以让人类九段高手三子！

跟着棋谱打谱学习是"有监督的学习"；自己与自己对弈，自行"总结提高"是"无监督的学习"。

AlphaGo 这么强，人类还有可能击败它吗？以下是我根据对 AlphaGo 工作原理的理解，想出的可以对付 AlphaGo 的三招，按可行性从低到高排序。

第一招是制造征子，并引征。据说 AlphaGo Zero 并不对征子情况做特殊处理，全靠程序"自学"领悟了征子的奥义。但我认为在征子方面，人类可能有一些技巧可以利用。因为征子在围棋里是一种很特殊的形状。通常一个子落在某点，它的"作用力"是随着距离而递减的。但是一旦出现征子，那么棋盘上距离征子位置很远的一个棋子，可以对征子的结果产生决定性影响。

一方面，AlphaGo 的两个大脑之一的"策略网络"是使用卷积神经网络（Convolu-tionalneural networks，CNNs）技术来学习的，这种技术通常用在图像识别领域，所以 AlphaGo 对棋盘局部棋形的感觉特别好，它能飞快判断棋盘局部某个棋形的要点。但是"引征"这一手的重要性是需要与棋盘很远处的形状结合来判断的,所以它的策略网络有可能忽略这一手,或者说对引征的棋子价值判断较低。

另一方面,AlphaGo 的第二个大脑,"价值网络"又是使用"蒙特卡洛算法"工作的。可以考虑这种情况,假设一个局部定式会导致征子发生,并且征子决定了这个局部的好坏,那么"蒙特卡洛算法"在局部定式刚开始时,是很难判断清楚这个定式的结果的。因为很难"随机"地恰好走出征子,又能在征子出现后,"随机"地产生正确的征子吃子步骤,这就可能导致"价值网络"漏算某些带征子的结果。所以,人可以采取的一个办法就是,制造征子,然后来一步巧妙的"引征",给 AlphaGo 制造些意外。

第二招是模仿棋。跟计算机下棋,模仿棋是个好东西。所谓模仿棋,顾名思义就是模仿计算机的下棋步骤,这样做首先可以节省人类棋手的时间,让 AlphaGo 去算吧,你算出的结果我来用!其次,因为盘面的对称性,所以"价值网络"判断的结果,每次都会有好几手价值都很接近,所以 AlphaGo 会难以取舍,迫使"价值网络"需运行更多计算。

另外,人类棋手知道,破解模仿棋的关键在于,将棋局导向天元附近(棋盘中央),并且下棋过程中每一步都必须紧凑,不能含有缓手。下在天元附近时,一般就会迫使模仿者停止模仿了。一方面,虽然周俊勋九段曾在对战 AlphaGo Master 时,使用过模仿棋手段,但他是执黑进行模仿,一般认为黑棋下模仿棋并不利。另一方面,他很早就结束了模仿棋。而对 AlphaGo Zero 来说,它的自我对弈中,也许从来没有出现过手数很长的模仿棋。所以,我很想看看人类棋手执白对成 AlphaGo Zero 采取模仿棋的情况,看看 AlphaGo Zero 如何破模仿棋。

第三招是骗招。所谓"骗招"，就是这样一步棋，它能使你的对手之后每一步棋都走得貌似符合棋理，堂堂正正，最后却掉入你布置的陷阱中。但是这种棋，如果知道正确应对手段，其实是坏棋。因为有欺骗含义，所以称之为"骗招"。

职业棋手在对局中基本不会使用骗招，因为知道骗不了对手。但对AlphaGo 来说，如果一个"骗招"需要正确计算之后的十几步乃至几十步才能破解，"价值网络"不能覆盖到正确的破解路径的话，AlphaGo 就无法识别这样的"骗招"。而"骗招"之后的每一步棋形又是堂堂正正的，所以"策略网络"肯定能将被骗的错误下法列入优先的备选下法，从而更依赖"价值网络"的输出。

这第三招是我认为对付 AlphaGo 最有效的一招，但也是最难实施的，因为勉强去走"骗招"肯定是受损的。能让 AlphaGo 上当的骗招必须是极其复杂的，且只有一步步巧妙地引诱对手走入陷阱才行，这是可遇不可求的。

总结来说，对付 AlphaGo 有两个要点，分别攻击它的两个大脑。

1. 制造一种牵涉全局的局面，使得下一手的最佳选点需要从全局来判断，这是攻击"策略网络"。

2. 制造一种需要非常有深度且需要精确计算的局部局面，比如征子和骗招，去攻击"价值网络"。

以上聊了围棋 AI 程序发展史上的三个阶段——启发式算法时期；蒙特卡洛算法时期；机器学习时期。有人说 AlphaGo Zero 已经很接近"围棋之神"了，但谁知道围棋的最佳下法到底在多远的地方呢？我期待几十年后，有新的算法类型出现，并可以轻松击败 AlphaGo Zero！

✒ | 聊聊数学三大奖：菲尔兹奖、沃尔夫奖、阿贝尔奖 |

最近几年，诺贝尔奖的评奖结果都会成为一段时间内媒体报道的焦点。有人问了这么一个问题：为什么新闻媒体那么关心诺贝尔奖，数学界的大奖却几乎不见新闻报道呢？虽然诺贝尔奖没有设置数学奖，但是数学界也有重大奖项啊，其中公认最重要的三个就是菲尔兹奖、沃尔夫奖和阿贝尔奖，但对这三大奖项几乎都没有新闻报道，这是为什么呢？

我觉得"知乎"上有一个人回答得好，因为诺贝尔奖"通俗易懂"嘛。你水平再不济，也能关心下诺贝尔文学奖吧？比如，村上春树要陪跑多久？中国作家莫言也得奖了，这也是个谈资。诺尔贝尔和平奖也不需要什么专业知识水平去关心。科学方面，诺贝尔化学、医学和经济学奖，新闻里稍微解释一下，也能使读者大概明白。就算物理奖是其中最"高深莫测"的一个奖项，但很多物理概念是新闻媒体喜欢炒作的，比如相对论、黑洞、量子计算机之类的东西，不久前"引力波"被证实的新闻就被炒作了很久。

但数学奖会是什么情况呢？我给大家看一下 2015 年沃尔夫奖得主、加拿大数学家詹姆斯·亚瑟的主要成就是"对迹公式的杰出贡献以及约化群的白守形式理论上的基础性贡献"。这些汉字我是都认识的，但是我的大脑完全是蒙的。别说我，一般数学系本科生也绝对读不懂，更别说新闻媒体了。

但我还是很希望让大家了解一些数学的主要奖项。虽然不指望让这些奖项与诺贝尔奖齐名，但是作为数学爱好者，这些是不可不知的。

首先聊聊三大奖里历史最悠久的菲尔兹奖，它是以加拿大数学家约翰·菲尔兹的名字来命名的。其正式名称是"国际杰出数学发现奖"，它是由国际数学家联盟（IMU）在四年一度的国际数学家大会上颁布的奖项。之所以又叫菲尔兹奖，是因为该奖是按菲尔兹生前的遗愿所创立。

到了 20 世纪 20 年代末，诺贝尔奖已经存在 10 多年了。菲尔兹作为一个数学家，很希望数学界也能有一个类似的奖项。他从 20 世

菲尔兹奖章正面。头像为阿基米德，周围刻有拉丁文：TRANSIRE SUUM PECTUS MUNDOQUE POTIRI，意思是"超越他的心灵，掌握世界"。

菲尔兹奖章背面。周围刻有拉丁文：CONGREGATI EX TOTO ORBE MATHEMATICI OB SCRIPTA INSIGNIA TRIBUERE，意思是"聚集自全球的数学家，为了杰出著作颁发（奖项）"。

纪 20 年代末就开始筹备这个奖项，并成立了菲尔兹奖基金会，但可惜直到 1932 年他患病逝世，这个奖项还是没能颁发。菲尔兹留下遗愿，捐赠四万七千加元作为这个奖项的基金。又过了 4 年，到 1936 年，在第十次国际数学家大会上，这个奖项终于开始被颁发。诺贝尔颁奖仪式的举办地点在瑞典，而 1936 年的国际数学家大会正好在瑞典的邻国——挪威召开，所以这个奖很自然地被认为是数学界的诺贝尔奖。

但菲尔兹奖与诺贝尔奖的区别还是很明显的。首先，因为国际数学家大会每四年才开一次，所以菲尔兹奖也每四年才颁发一次，且获奖人年龄限制在 40 岁以下。这个年龄限制的目的之一当然是鼓励年轻人。另一个原因也是让数学与物理、化学有所区别。诺贝尔物理化学奖得主，经常都是 70 多岁才能拿奖，而得奖原因常是自己几十年前的一个预言或理论得到了证实或应用。

相比之下，数学家有非常大的时间优势。一般一个数学证明发表后，最多 2~3 年，经过足够多的人的阅读和验证，大家就公认你的证明成立了。且有很多数学家在年轻的时候就取得非常重大的成就，这个趋势现在更明显，所以设置这个 40 岁的"门槛"也不奇怪。此外，菲尔兹奖每年的得奖者人数是 2~4 人，这略微弥补了一下颁奖频次的不足。

望月新一教授和 ABC 猜想的证明

菲尔兹奖于 1936 年颁发了第一届。本应于 1940 年再开大会，但此时第二次世界大战已经爆发，根本没法开会，一直到 1950 年才又恢复举办，之后每四年一届从没有间断过。其中 2002 年还在北京召开过一届，但在我印象中，那一年几乎都没什么新闻媒体关注。

截至 2018 年，菲尔兹奖得主以美国人居多，有 13 名，其次是法国人有 11 名，然后是俄罗斯有 9 名。可惜中国数学家还没有上榜。只有两位华裔得主。一位是出生在广东，成长在香港，硕士在美国就读的数学家丘成桐。还有一位就是有"数学莫扎特"美誉的陶哲轩。他是澳大利亚第二代移民，父母是香港人。所以，中国数学家还需努力。

另外菲尔兹奖得主中仅出现过一位女性，就是 2014 年获奖的伊朗数学家玛丽安·米尔扎哈尼，伊朗总统鲁哈尼当年也祝贺过她获奖。但令人惋惜的是，米尔扎哈尼因为乳腺癌在 2017 年 7 月 14 日去世，年仅40 岁。

菲尔兹奖的奖金是 1.5 万加元，大概合 7.9 万人民币，这点奖金是象征性的，但菲尔兹奖长期以来就是数学家心目中的最高奖项。

接下来聊聊沃尔夫奖。其创始人里卡多·沃尔夫的生平相当传奇。1887 年，沃尔夫出生在德国汉诺威的一个犹太家庭，其一共有 14 个兄弟姐妹。在第一次世界大战前，沃尔夫全家移民到古巴。这对他全家来说是一个非常正确的决定。否则第二次世界大战来临的时候，他们命运可能会很悲惨。这是他人生的第一个转折点。

在古巴的炼铁工厂上班多年后，沃尔夫凭借聪明才智和钻研精神，开发出了一项从冶炼过程中回收铁的工艺，并申请了专利。他的发明专利被全世界许多的钢铁厂所利用，并带给他相当可观的收入。这是他人生第二个转折。

古巴革命，卡斯特罗上台。"维基百科"上对沃尔夫关于这件事的联系只有这么短短的一句介绍："出于经济上和道义上的考量，沃尔夫决定资助卡斯特罗发动的革命。"虽然"维基百科"上的文字介绍这么少，但我可以想象，沃尔夫当时是下了一次很大的赌注。

请想象一下，一个将近 70 岁的老人，活得很好也很有钱，但他去资助了准备武力推翻让他获得财富和地位的现政权的人，他这么做肯定有很重要的原因，也是要冒很大风险的。神奇的是，他赌对了，卡斯特罗革命成功，夺权了。

卡斯特罗当然很感激他，直接任命他做古巴驻以色列大使。当时以色列已经复国，恰好沃尔夫是犹太人，所以就派他当大使。这是他人生第三个转折点，那一年是 1961 年，沃尔夫已经 74 岁了。但他的传奇故事还没结束，后面还有一次转折。

1973 年，古巴和以色列断交。沃尔夫选择继续留在以色列，并取得以色列国籍，一直到 1981 年去世。沃尔夫生命的最后 8 年，他又成为以色列精英的代表。并且沃尔夫是在生命中最后几年，取得以色列国籍后，创建了沃尔夫基金会，开始颁发沃尔夫奖。这是他人生的第四个转折点。

回看沃尔夫的一生，不但长寿（94 岁），而且经历十分丰富，从他身上的确可以看出犹太人聪明且顽强的鲜明民族个性。

回到沃尔夫奖话题，沃尔夫奖跟诺贝尔奖一样，是一系列奖项，其中包括数学、农业、化学、物理学、医药和艺术。我国的袁隆平院士就曾获得过沃尔夫农业奖。

沃尔夫数学奖从 1978 年开始颁发，每年一次，没有年龄限制，每次 1~2 人获奖。有时会有空缺，比如 2009 年、2011 年、2004 年、2016 年都有空缺。空缺的原因官方没有公布过，有人猜测是评委之间意见不一。沃尔夫奖在每年的 1 月就会公布获奖者，2017 年的得主是美国数学家查尔斯·费弗曼和理查德·舍恩。获得沃尔夫奖的华裔数学家有陈省身教授和丘成桐教授。丘成桐是陈省身的学生，理查德·舍恩又是丘成桐的学生，"一门三代"，都得过沃尔夫奖，这是举世无双的成就。

沃尔夫奖的奖金是 10 万美元，如果两个人得奖的话，奖金两人平分。另外沃尔夫奖没有年龄限制，很多获奖者年龄都很大了，像 2017 年两位沃尔夫奖得主获奖时的年龄分别是 67 岁和 68 岁。所以也有人戏称沃尔夫奖是数学界的"终身成就奖"。

最后聊聊三大奖中的后起之秀"阿贝尔奖"。阿贝尔这个名字，熟悉数学历史的人肯定知道。他是挪威的数学家，第一个解决了一般五次方程不可能有根式解的问题。人们经常把阿贝尔与伽罗瓦一起提及，因为两人生活年代比较接近，又都是英年早逝。伽罗瓦的故事更传奇一点，所以更出名一些。阿贝尔的才华其实也很突出，独立地发明了群论，可惜 27 岁时就因为肺结核去世了。

1899 年，差不多是阿贝尔诞辰 100 周年的时候，挪威数学家索菲斯·李就曾建议设置阿贝尔奖。

索菲斯·李当初听说诺贝尔不准备设置数学奖的时候，有点不满，就建议挪威政府设立一个数学奖，用阿贝尔的名字。有趣的是，"阿贝尔"与"诺贝尔"的名字还挺像。但索菲斯·李的提议因种种原因当时没有被采纳，这一拖就是 100 年。到阿贝尔 200 周年诞辰的时候，即 2001 年，挪威政府又想起这事了。于是拨款 2 亿挪威克朗作为这个奖项的启动资金，从 2003 年开始终于颁发这一奖项。

它是数学奖项里的后起之秀，但奖金最高，每年奖金大约有 100 万美元，1~2 个人分，这就与诺贝尔奖奖金差不多了。阿贝尔奖在每年 9 月 15 日之前提名，第二年 3 月公布得主。2017 年阿贝尔奖的得主是法国人伊夫·梅耶尔，表彰他在小波分析理论方面的贡献。梅耶尔也是第四位斩获阿贝尔数学奖的法国数学家，这使得法国的阿贝尔奖获奖数量居于全球第二。法国的菲尔兹获奖人数也为全球第二，仅次于美国，充分体现了法国深厚的数学传统。遗憾的是阿贝尔奖目前还没有华裔或中国数学家得过。

这个三个奖项简单介绍完了。综观这个三个奖项，各有千秋。菲尔兹奖历史最悠久，声望最高，也最具有"官方"性质，因为数学家的"官方"组织就是国际数学家联盟。美中不足的是四年才一次，年龄也有限制，不过奖项很权威。沃尔夫奖是纯民间性质的，每年一次，年龄不限。阿贝尔奖介于两者之间，有半官方性质，而且奖金方面规格最高，是一个后起之秀。其实我们不用争论这三个奖到底哪个是数学界的最高奖项，数学家也不用嫉妒诺贝尔奖，同时有三个重量级的奖项对数学领域的发展是一件非常好的事情。

除各种奖项外，研究数学还有一个优势，即可以实施"悬赏"机制。比如，美国克雷数学研究所提出的"21世纪七大数学难题"，每个问题悬赏一百万美元。只有数学问题能搞这种悬赏，而其他领域的科学门类就很难搞悬赏活动。美籍匈牙利裔数学家埃尔德什曾经常以个人名义悬赏，虽然悬赏金额通常只是从50美元到1000美元不等，但这也是一种宣传数学、提高公众关注度的方式。而很多人即使得到了悬赏金，也不兑取支票，而只是把支票裱起来留作纪念。我很希望中国有数学家与企业家合作，进行一些类似的悬赏活动。

到此，希望你对数学的奖项有所了解，也希望有更多新闻媒体关注数学领域的颁奖活动，这将是数学爱好者的一大乐事！

✎ | 聊不尽的勾股定理 |

勾股定理又称毕达哥拉斯定理。说起勾股定理，我认为这个定理是
中学数学中证明过程最为优美的一个。回想一下中学数学，虽然内容很多，
但是真正能称为"定理"的命题其实寥寥无几，大多数只能叫公式。几何
里叫"定理"的虽然多了一些，比如什么三角形全等有很多"判定定理""性
质定理"，但是这些定理多数都太简单或太平凡，证明过程远不谈不上优美。
而以人名命名的定理有且仅有这一个，这足以说明勾股定理的重要地位。

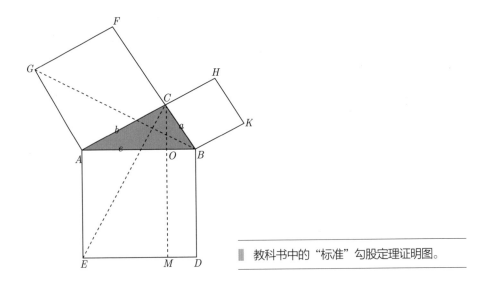

█ 教科书中的"标准"勾股定理证明图。

勾股定理在课本里的证明过程也许你还有印象，这是中学平面几
何课本里非常罕见的一种证明。首先要添加很多辅助线。其次让我印

象很深刻的是，这个证明还会用到之前教过的两个定理：三角形全等的判定定理和等底等高的三角形面积相等定理。当时我就想，这么巧妙！虽然是证明正方形面积的问题，居然还用到两个三角形相关的定理。

这个证明其实就是取自欧几里得的《几何原本》。看完这个证明，我知道我这辈子至少几何水平是肯定比不上欧几里得了。但这个定理，欧几里得知道是毕达哥拉斯先证明的，所以在西方它被称为"毕达哥拉斯定理"，可惜毕达哥拉斯本人的证明原稿没有留存下来。

关于勾股定理，有个有趣的事实，它大概是古今中外被证明次数最多的一个定理了，据说有上百种证明，甚至美国第 20 任总统伽菲尔德都提供过一个证明。但其中公认的、最简洁的证明来自三国时代吴国人赵爽，因为他的证明图对称而简明，相信你只要看这个图，就能想出它是怎么证明勾股定理的。

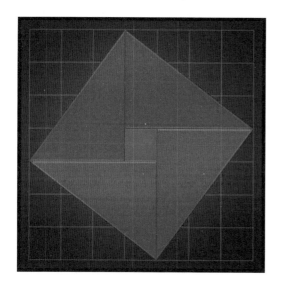

三国时代赵爽的"勾股圆方图"，又名"弦图"。

　　勾股定理最奇妙的地方在于它虽然是个几何命题，却引申出了非常多的代数问题。首先是"勾股数"问题，即哪些三个整数的组合能构成直三角形的三条边？你肯定记得"勾三股四弦五"这句口诀。另外一组常见的勾股数就是 5，12，13，相信你在物理考试里多次碰到。

　　现在考虑这样一个问题。有没有无穷多组勾股数呢？当然要考虑的是三个数字是互质的情况。三个互质的勾股数被称为"本原毕达哥拉斯数组"。古希腊数学家就发现有无穷多组这种数组，他们发现只要任取两个不同的整数 u、v，那么 u^2-v^2、$2uv$ 和 u^2+v^2，这三个整数就必然符合勾股数条件。只要再让 u 和 v 为一个奇数和一个偶数，则它们必然构成"本原毕达哥拉斯数组"。

$$(u^2-v^2)^2+(2uv)^2=(u^2+v^2)^2$$

　　以上这个勾股数的构造公式是不是十分简单？小时候的你是否也觉得自己可以独立发现"勾股定理"？但是别小看勾股定理，其扩展形式非常多，有些结论十分惊人。接下来我们会看到若干种勾股定理的扩展形式。

　　先看一个勾股定理最明显的扩展，就是对指数进行扩展。指数改成 3 或以上有没有正整数解呢？这就是大家熟知的"费马大定理"。想必读者也了解，这个定理已经在 1995 年被英国数学家安德·怀尔斯解决了。你可能会问：为什么不叫"怀尔斯定理"？而且这个猜想我小时候也想到过啊？但我可以肯定地说，这个猜想在费马之前的很多年就有人研究了。第一叫它"费马大定理"是因为费马个人名气大且水平高；第二，他留下了一段可能是世界上最著名的读书笔记，使这个问题引人瞩目。因为这两点，这个问题才被称为"费马大定理"。还有一点是，这也是费马提出的所有命题中最后一个被证明（或推翻）的，所以在很长时间里，它被称为"费马最后猜想"，其他人是绝对"享受"不到这种待遇的。

证明"费马大定理"之后，勾股定理向指数扩展没戏了。但我们还可以在项数上扩展。比如，下列方程有无整数解。

$$x^2+y^2+z^2=p^2$$

这个问题其实很简单，也有无穷多组，比如 $17^2+134^2+58^2=147^2$。这种四个数的组合称为毕达哥拉斯四元数。这种四元数可用如下参数公式构造。

$$a=m^2+n^2-p^2-q^2$$
$$b=2(mq+np)$$
$$c=2(nq-mp)$$
$$d=m^2+n^2+p^2+q^2,$$

其中 m，n，p，q 是互素正整数，且 $m+n+p+q$ 是奇数时，可以得到"本原毕达哥拉斯四元数"。四元数有了，用四元数和勾股数就可以推出五元数等，请你自己体会。

接下来我们可以对指数继续扩展一下，比如找出下列方程的整数解。

$$a^3+b^3+c^3=d^3$$

你能很快发现，

$$3^3+4^3+5^5=6^3=216$$

这组解很有意思，是三个连续的正整数，而且这个216还被称为"柏拉图数"（因为太完美和理想化了）。这是唯一一组三个连续整数形式的正整数解，但证明很难，留给你去思考。

拉马努金找到过上述方程的神奇通解形式，如下。

$$(3x^2+5xy-5y^2)^3+(4x^2-4xy+6y^2)^3+(5x^2-5xy-3y^2)^3=(6x^2-4xy+4y^2)^3$$

到这里，你可能想接下来改看看指数换成 4 次方有没有解了。欧拉曾预言：

$$A^4+B^4+C^4=D^4$$

无正整数解。但1987年，诺姆·埃尔奇斯用几何构造方法找到了如下解。

$$2682440^4+15365639^4+18796760^4=20615673^4$$

所以，他推翻了欧拉的猜想！

接下来，当然还可以考察左边指数和项数继续增加的情况，但项数和指数可能的排列组合是无穷无尽的，对单个具体问题的研究就显得效率太低了。

但数学家的思路就是比普通人开阔。他们把等式右边的限制全部解除，问题就变成左边如果是若干自然数的齐次幂之和，左边至多需要多少项，才能覆盖所有正整数呢？

说个形象的比喻：假设有很多房间，房间的面积都是整数1，2，3，4，5…再提供很多地砖，地砖的面积大小都是"完全平方数"，如1，4，9，16，25…每种面积的地砖都无限量供应。如果需要恰好对每个房间铺满地砖，形状不论，只看大小，那每个房间至多需要几块地砖？同样，这个问题也可以扩展成，提供面积为"完全立方数"的地砖、"四次方"大小的地砖、"五次方"大小的地砖，至多需要多少地砖可以铺满房间，等等。

研究这类问题，就比前面那种单独考虑每种指数或项数的组合效率高多了。因为知道左边最多需要多少项之后，右边就覆盖了所有自然数。则右边不管是"完全平方数""立方数"，还是 100 次方的数都不要紧，因为都确定有解。

想清楚这点后，我们还是先从用面积为"完全平方数"的地砖来考虑问题。你可以先心算一下，会发现对 7 这个数，你只能写成 4+1+1+1，即至少是四个完全平方数之和。之后再尝试很多其他的数，发现所有的数都像 7 一样，最多需要 4 个完全平方数。于是，你做出了这个猜想，所有自然数都能表示成四个完全平方数之和。恭喜你，你做出了一个很好的猜想！但是这个猜想由一个叫巴谢的人，已经在 1621 年提出了。之后又是费马，称他能证明这个猜想，但是他又不给出证明。

之后又过了 100 多年，到了 1770 年和 1773 年才由拉格朗日和欧拉分别独立证明了这个猜想，现在被称为"四平方和定理"。有时觉得费马这个人真的是让人生气，他不停地拿各种猜想去嘲弄同时代的数学家。当时的数学家完全拿他没办法，谁让人家是"业余数学家之王"，但他水平确实高，提出的猜想一个比一个准，后来基本都变成了定理，而且很多都是数学研究里很重要的定理。

二次方的问题解决了，那三次方、四次方怎样呢。很早就有人尝试过，发现无论取多少次幂，似乎都只需要有限的地砖，就能铺满整个自然数的房间。于是在 1770 年，也就是拉格朗日证明"四平方和定理"的同一年，一个叫华林的人提出了著名的华林问题。

对任何一个大于 1 的正整数 k，都可以找到一个有限的整数 $g(k)$，使得所有的自然数都可以表示为至多 $g(k)$ 个自然数的 k 次方之和，也就是我前面说的至多用 $g(k)$ 块这种地砖铺满所有自然数房间。当时华林就猜想 $g(2)=4$，$g(3)=9$，$g(4)=19$。你大概也能猜到，指数越大，所用的砖数应该越多。

这个问题看上去表述很简单，但是花了约 140 年，才由德国数学家、大名鼎鼎的希尔伯特在 1909 年完成了证明，现在它被称为"希尔伯特-华林"定理。但请注意，希尔伯特只是证明了存在砖块数量的上限，但是具体对面积为 n 次方的地砖，到底需要多少块去铺，这个定理却一点也没有说。

对于具体数字的问题，在华林提出他的猜想之后的第二年，老欧拉之子——约翰·阿尔伯特·欧拉，就提出过一个猜想，其中 $g(k)$ 表示 k 次幂情况下的"地砖数"。

$$g(k)=2^{k}+\left[\left(\frac{3}{2}\right)^{k}\right]-2$$

这个数列前几项就是 1，4，9，19，37，73，143…

"四平方和定理"就是以上猜想在 $n=2$ 的情况。$n=3$ 的情况就要等到希尔伯特证明华林问题的同一年，1909 年，才由另一位德国数学家、亚瑟·韦伊费列治证明。之后又过了近 40 年，一位印度数学家证明了 $n=6$ 的情况。你可能奇怪，怎么其中 $n=4$ 和 $n=5$ 的情况跳过了？对，确实跳过了。数学里很多问题就是这样，数字大的问题反而好解决。

到 1964 年，我国数学家陈景润证明了 $n=5$ 的情况。不知道你现在有没有感觉，此类问题跟哥德巴赫猜想也有点类似呢？其实哥德巴赫猜想可以被比喻为所有奇数房间可以最多用三块面积为素数的地砖铺满

（此为弱哥德巴赫猜想，现已被证明），所有偶数房间最多用两块面积为素数的地砖来铺。

再回到我们的问题，到1986年，一位印度数学家Balasubra-manian证明了 $n=4$ 的情况，这样总算证明了 n 从1到6的情况。到1990年，n 从6到471600000的情况都已被计算机验证正确。但实际上，我们需要证明对所有的自然数 n，"华林猜想"都成立。如果只是依次证明单个自然数的情况，整体进度"几乎"为0。

"华林猜想"已经很难，还有一个比"华林猜想"更难的猜想。人们发现在用那些地砖填房间的时候，都是那些面积比较小的房间比较麻烦。比如，7号房间，你就需要"4+1+1+1"四块面积为平方数的地砖来铺了。但是数字变大之后，你转圜的余地也越大，就不需要那么多地砖了。所以人们认为，对任意的正整数 k，存在一个 $G(k)$，当自然数 n 充分大时，n 可以用 $G(k)$ 个整数的 k 次方之和来表示，这个 $G(k)$ 要比华林猜想里的 $g(k)$ 小。1920－1928年，哈代和利特伍德证明如下。

$$G(k) \leqslant (n-2)2^{n-1}+5$$

并猜想，

$$G(k) < \begin{cases} 2k+1 & \text{如果 } x \text{ 不是 2 的幂} \\ 4k & \text{如果 } x \text{ 是 2 的幂} \end{cases}$$

所以有人提出猜想，当房间充分大后，所需地砖数量的上限应该会变小。甚至有人猜测，无论用多大的指数地砖，只要房间号足够大，17块就是上限。即对任意自然数 n，存在一个 m，对所有大于 m 的自然数，最多需要17个 n 次方正整数之和来表示，但是目前来看证明这个结论还非常遥远。

继续扩展问题，我们已经知道"四平方数定理"，那我们把等式左边加入系数会如何？比如问，如果是 $2x^2+2y^2+2z^2+2w^2$ 可以表示所有自然数吗？进一步扩展，就是什么样的 (a, b, c, d) 组合能使得 $ax^2+by^2+cz^2+dw^2$ 可以表示所有自然数呢？这样的多项式称为"万有多项式"，因为它能表示所有自然数，所以叫"万有"。而只有有限多种 (a, b, c, d) 的组合可以构成"万有多项式"，这个原因比较简单，留给大家思考。

既然是有限多种，到底是哪些呢？印度天才数学家、自学成才的拉马努金在 1916 年声称，他找出了全部万有多项式的系数组合，一共 55 种（以下是 54 种，去掉了一种后来被发现是错误的组合）。

[1,1,1,1], [1,1,1,2], [1,1,1,3], [1,1,1,4], [1,1,1,5], [1,1,1,6], [1,1,1,7], [1,1,2,2], [1,1,2,3], [1,1,2,4], [1,1,2,5], [1,1,2,6], [1,1,2,7], [1,1,2,8], [1,1,2,9], [1,1,2,10], [1,1,2,11], [1,1,2,12], [1,1,2,13], [1,1,2,14], [1,1,3,3], [1,1,3,4], [1,1,3,5], [1,1,3,6], [1,2,2,2], [1,2,2,3], [1,2,2,4], [1,2,2,5], [1,2,2,6], [1,2,2,7], [1,2,3,3], [1,2,3,4], [1,2,3,5], [1,2,3,6], [1,2,3,7], [1,2,3,8], [1,2,3,9], [1,2,3,10], [1,2,4,4], [1,2,4,5], [1,2,4,6], [1,2,4,7], [1,2,4,8], [1,2,4,9], [1,2,4,10], [1,2,4,11], [1,2,4,12], [1,2,4,13], [1,2,4,14], [1,2,5,6], [1,2,5,7], [1,2,5,8], [1,2,5,9], [1,2,5,10]

拉马努金跟费马一样，只是给出结果，但是没有给出证明。这大概就是非科班出身的数学家的一个"通病"吧。不过这次，拉马努金没给出证明也是可以理解的，因为后来人们发现其给出的 55 组数字中，有一组 [1，2，5，5] 是错误的，但这一点不影响人们对拉马努金天才直觉的敬佩。可惜拉马努金在 33 岁就去世了，如果他活得久点，不知道还会给我们带来怎样的惊人数学发现。

这个"万有多项式"问题的最终解决，还要靠之前"三人分蛋糕"问题中提到过的约翰·康威。他和他的学生最终证明了，那 54 组数字是全部万有多项式的系数。而且他们还证明，只要 a，b，c，d 这组系数能表示整数 1 到 15 的话，它们就可以表示所有自然数，这样看问题是不是简单多了？这个定理被称为"15 定理"。

关于 3 次方、4 次方的万有多项式有几个都是未解决的问题。你可以想象一下，3 次方的话，就要考虑 9 个变量的组合，4 次方就要考虑 17 个变量的组合。这个变量的数量以指数形式递增，所以指数每增加一点，难度就以非常恐怖的程度上升。

我们讨论了很多类似勾股定理的等式有没有解的问题。但是数学里还有一个常见的思考模式，如果一个方程可能有解，该如何判定？如果判定有解，又如何找到解？这下你发现又一个非常大的话题来了。比如，再回到和勾股定理相关的问题，给定一个数，比如 1234，问你能不能找到一对自然数 a 和 b，让 $a^2+b^2=1234$。当然，如果你写个程序搜索的话，可以很快找到 $1234=3^2+35^2$。但是对于一般的，寻找整数表示成两个完全平方数之和的问题，该如何解决呢？

这里又要讲回到费马了，所以你也不要嫉妒费马，他号称"业余数学家"，但他水平确实比当时大多数职业数学家都高。关于上述问题有一个"费马平方和定理"。

如果一个素数，它有 $4k+1$ 形式的话，那么它必然可以表示为 2 个平方数之和。

比如 5 可以表示成 4+1，13 可以表示成 3×4+1，17 可以表示成

4×4+1，所以 5，13，17 都可以表示成两个正整数的平方和。这是一个很漂亮的定理，它的逆命题也成立。但费马再一次不给出证明，又是由 100 多年后的欧拉给出证明的。每次看到这种历史，都感觉欧拉好忙啊，光要证明 100 多年前费马给出的那些问题，就不知道要花去多少精力。

但费马这个定理也只是对特定形式的一种素数找到了判定的方法。对 $4k+3$ 形式的素数或者合数，如何判定其能否表示成两个数的平方和，我没查到任何资料。另外对 3 次及以上指数，我也没有看到有任何判定方法。判定问题都不能解决，更遑论找到解了。

但我们的讨论还没有结束。之前提过四平方数定理，所以我们能肯定，所有自然数都能表示成四个平方数之和。对于任何自然数表示成四个平方数之和的"判定问题"，是彻底解决了。但判定问题解决了，找出解的问题还是没有解决。给出任何一个数，找不到简单的办法，能直接算出这个数可以表示成哪四个平方数之和。这很像知道一个数是两个大质数之积，但是要分解出它的质因子谈何容易。

现在判定和寻找解的问题都聊过了，是不是该结束了？我们还没说找出"所有"解的问题。"有解"而且你找到了一组解，不表示"只有"一组解。比如 $50=5^2+5^2=1^2+7^2$，50 就可以表示成两种完全平方数之和。

你可能会问，4 次方数相加有没有可以用两种表示方法的整数呢？还真有，欧拉很早就发现：

$$635318657=59^4+158^4=133^4+134^4$$

让我吃惊的是，欧拉是在计算机发明之前，用手算找出这个结论的。欧拉没有说他是怎么找到这个数字的，但我心里只能说"神人"二字！

接下来解决 5 次方数问题会如何？有人枚举了 1.02×10^{26} 以内的整数，没有发现这种形式方程的正整数解：$A^5+B^5=C^5+D^5$。但发现了：

$$14132^5+220^5=14068^5+6237^5+5027^5$$

如果考虑三种解的话，1957 年林奇发现：

$$87539319=167^3+436^3=228^3+423^3=255^3+414^3$$

再比如项数放宽到三项呢，这又是一大类问题。目前最好的结果是 6 次方的：

$$25^6+62^6+138^6=82^6+92^6+135^6$$

7 次方或以上也有些类似的等式，就不一一列举了。如果考虑负数的话，1999 年就有人发现了一个如此惊人的等式：

$$30=(2220422932)^3+(-2218888517)^3+(-283059965)^3$$

这是 30 表示成三个整数立方和的"最小"解！2019 年 3 月，布里斯托尔的安德鲁·布克发现：

$$33=(8866128975287528)^3+(-8778405442862239)^3+$$
$$(-2736111468807040)^3$$

以上我们从勾股定理聊到了它的若干种扩展。听起来有点晕，但总结起来，它的扩展问题无非这么几种。

指数放大问题；等式右边条件放宽到所有自然数，有无解的问题；等式左边项数放宽，有无解的问题；有无解的判定问题；有解情况下如何求解问题；求一组解之后，有没有多组解的问题。怎么样，够简单吗？实在是太难了，而且其中的未定问题十分之多。这类问题十分引人入胜，都是小学生能理解，却困扰数学家几百年的问题。整数很奇妙，整数很烧脑！

思考题 大老李陪你一起"玩"

1. 我们知道任何一个数可以分解成四个完全平方数之和，请算下 5678 可以分解成哪四个平方数之和？

2. 我们知道 [1，2，5，5] 不是万有多项式的系数。又根据"15 定理"，我们知道 1 到 15 中至少有一个数，不能用 $x^2+2y^2+5z^2+5w^2$ 表示。请想一下是哪个数？

如何提出一个 "哥德巴赫猜想"？

恭喜你终于阅读到这本书的后记了。看过我对那么多问题的介绍，你是不是也跃跃欲试，想自己去搞点数学研究呢？但是，我要先泼点冷水，当代很少有业余数学爱好者能做出有价值的数学研究成果。而在中国，更多的是声称证明了"哥德巴赫猜想""孪生素数猜想"等的"民间科学家"。在这里，我要先对各位数学爱好者提出些忠告，帮你避免掉入"民间科学家"的陷阱：

第一，不要考虑推翻历史上已经证明过的命题。历史上还没有发生过哪个被证明过的命题，最终发现证明是错误的，并且反命题是成立的。

第二，不要考虑去找出已经被认可的证明中的错误。看到网上有人试图否定安德鲁·怀尔斯对"费马大定理"的证明，以及否定哥德尔的"不完备原理"的证明。这种否定完全是在浪费时间。历史上只发生过一次比较出名的被认可的证明后来被否定的事件，即1876年肯普对"四色定理"的证明。这个证明一开始被认为是对的，但11年后，英国数学家彭西·希伍德发现肯普的证明是有问题的，但肯普的思路可以被用来证明较弱的"五色定理"。从此事件之后，数学界对一个证明的审核变得十分审慎，宁愿好多年不给结论，也不轻易地接受或否定一个证明。因此现在，只要一个证明被数学界认为是正确的，就再也没有发生过被推翻的情况。

第三，不要尝试用简单的方法改写历史上已经被证明的，但证明过程极为复杂的命题。比如有人笃信费马留下的一段笔记，认为"费马大定理"有一个"简单"的证明，而去尝试寻找那样的证明，那就完全走偏了。历史上确实有一个例子——"素数定理"，先用复杂的方法被证明，后来又被埃尔德什和 Atle Selberg 用"初等数学"方法改写了证明。但这个"初等数学"的证明绝不是一个简单证明，其对于绝大多数业余数学爱好者来说已经是十分艰深了，以下是这个"初等证明"中用到的一个等式：

$$\vartheta(x)\log(x) + \sum_{p\leqslant x}\log(p)\,\vartheta\left(\frac{x}{p}\right) = 2x\log(x) + O(x)$$

历史上倒是有很多有简单证明的命题，不断被人用其他方法证明，比如"勾股定理"。勾股定理已有上百种不同的证明，所以你要发现新的勾股定理证明，也需要先检验是否与前人重复。

第四，不要尝试证明那些非常出名，但有上百年历史未被证明的命题。这些命题包括但不限于哥德巴赫猜想、黎曼假设、孪生素数猜想、考拉兹猜想、P/NP 问题以及众多直接关于素数的命题。这大概是很多业余数学爱好者最难接受的，凭什么我就不能挑战这些问题？但这些问题正是数学里最诱人且危险的领域。它们看起来如此简单，但在数学领域表述越简单的问题往往越困难。如果一些问题经过欧拉、高斯、黎曼以及当代那么多数学家呕心沥血的努力仍未解决，你就应该对这些问题存有敬畏之心。

所以我也劝劝各位，如果你选定了一个数学问题自己研究，先请你上网搜搜目前关于这个问题的最新研究论文，特别是英文版的。如果你能看懂那些论文的大概意思，理解目前最新的研究成果，再开始动手也不迟。

以上四个"不要"就是我对各位数学爱好者的逆耳忠言，那么业余数学爱好者应该主攻哪类问题呢？我觉得最好的方向是较新提出的、不涉及过多高等数学知识，且数学家还没有花太多精力去研究的命题。这方面最好的例子就是"数学家搞清楚了五边形地砖数量"一节里提到的、发现很多新的五边形密铺的家庭主妇马乔里·赖斯。但这里，我想跟大家探讨一个对业余数学爱好者来说更"现实"的一种"青史留名"的可能——提出一个自己的猜想（或问题）！

如何提出一个"好"的猜想呢？先看看"好"的猜想有哪些标准。

首先，"好"的猜想必须是一个数学领域中的命题。我曾看到很多人提过这种问题，纸上随便画一条线，这条线的长度是有理数还是无理数？量子物理说世界是"离散"的，怎么可以用微积分这种连续的数学去描述世界？先不说这些问题是否有意义，但它们都不是数学里可以讨论的命题。一个"猜想"要成为"猜想"必须先是一个合格的、可以用数学语言定义和描述的命题。

其次，"好"的猜想必须够难。如果你的猜想提出后，很快被数学专业或竞赛学生解决了，那充其量算一个习题或竞赛题，谈不上猜想。

再次，"好"的猜想不能"难而无当"。如果你的猜想必须以某个已知的数学难题为必要条件，那可能就是"难而无当"了。如果一个问题只是无止境的"难"，但又不能提供有用的其他信息，则它就是性价比很低的问题。

最后，"好"的猜想应该是"精炼且熟虑"（德文：pauca sed matura；英文：Few, but ripe），这也是高斯的一个信条。"精炼"的意思是命题的表述简单明了，足够一般化。一个不够精炼也欠熟虑的例子是这样的：

设 x，y 均取大于等于 0 的正整数，那么 $4x+3y$ 能否遍历一切大于等于 6 的正整数？

这是一个好的问题，但不够精炼。改成精炼的表述可以是这样：

设 A，B，x，y 都是正整数，A，B 互素，则 $Ax+By$ 不能表示的最小整数是几？

这里首先你会注意到"A，B 互质"，这不是更啰唆了吗？但你略微思考一下就会发现，如果 A，B 不互素，则 $Ax+By$ 必有很多不能表示的正整数。另外，问题中问："不能表示的最小整数"，说明提问者已经知道了：总存在某个数，$Ax+By$ 可以表示所有比它大的数，这叫"熟虑"！这"精炼而熟虑"的问题就要比原命题显得更吸引人，也更尊重答题者的时间。

另外，很多数学爱好者也很喜欢从一些有限的证据中"归纳"出一个一般的命题。比如，下面这个例子：所有 x^n-1 这样形式的多项式，都有 $x-1$ 这个因子。因此我们试着做些因式分解：

$$x^2-1=(-1+x)(1+x)$$

$$x^3-1=(-1+x)(1+x+x^2)$$

$$x^4-1=(-1+x)(1+x)(1+x^2)$$

$$\cdots$$

$$x^{30}-1=(-1+x)(1+x)(1-x+x^2)(1+x+x^2)(1-x+x^2-x^3+x^4)$$
$$(1+x+x^2+x^3+x^4)(1-x+x^3-x^4+x^5-x^7+x^8)(1+x-x^3-x^4-x^5+x^7+x^8)$$

似乎任何一项的系数都是 ±1。于是你做出猜想：所有 x^n-1 的多项式因式分解后，系数都是 ±1。但是，如果你坚持分解下去，会发现：

$$x^{105}-1=(-1+x)\,(1+x+x^2)\,(1+x+x^2+x^3+x^4)\,(1+x+x^2+x^3+x^4+x^5+x^6)$$

$$(1-x+x^3-x^4+x^5-x^7+x^8)$$

$$(1-x+x^3-x^4+x^6-x^8+x^9-x^{11}+x^{12})$$

$$(1-x+x^5-x^6+x^7-x^8+x^{10}-x^{11}+x^{12}-x^{13}+x^{14}-x^{16}+x^{17}-x^{18}+x^{19}-x^{23}+x^{24})$$

$$(1+x+x^2-x^5-x^6-2x^7-x^8-x^9+x^{12}+x^{13}+x^{14}+x^{15}+x^{16}+x^{17}-x^{20}-x^{22}-x^{24}-$$
$$x^{26}-x^{28}+x^{31}+x^{32}+x^{33}+x^{34}+x^{35}+x^{36}-x^{39}-x^{40}-2x^{41}-x^{42}-x^{43}+x^{46}+x^{47}+x^{48})$$

系数中出现了 2（找找看在哪里），你看"熟虑"多重要！若需要"好"的猜想和问题的例子，则本书中"移动沙发问题""内接正方形问题"、考拉兹猜想以及本福特定律都堪称"精炼而熟虑"的典范。要问如何提出好的猜想，大老李给你如下建议：

第一，多读、多看，扩展阅读面（比如看大老李的这本书）。这样不但能帮你避免提出重复的问题，更能通过阅读别人的猜想和命题大大扩展自己提问的思路和水平。有很多问题，不用看到解答过程，只是看到这个问题本身，你就会发出由衷的赞叹：这个问题提得真棒！当你会鉴赏一个问题的好坏时，也是你数学思维能力升华之时。

第二，生活中多观察，从身边的事物找线索。数学发展到今天，纯数学领域里可以提出的问题"几乎"都被提出了，倒是很多现实应用中的问题，数学家是不一定能注意到的。这方面最好的例子就是由给地图上色而引发的"四色定理"问题和从财务账本的数字统计中发现的"本福特定律"。所以各位大可以从直接身边事物着手，尤其是在自己生活中遇到的与数学有关的现象和事物，其中可能蕴含新的数学问题。

第三，"大胆假设，小心求证"，这是颠扑不破的真理。不要怕提出问题，但提出问题后，先自我挑战一下，用数学家的思考方式分析一下，看看自己能否从解答这个问题的过程中得到乐趣。

另外，当你认为你提出了一个好的猜想，并且你觉得"精炼且熟虑"之后，你还可以依次做以下事情：

首先，上网搜索一下是否有人已经提出了类似问题，尤其要搜索英文网站。这对广大数学爱好者来说是个难点，但不得不克服。

其次，把你的问题用标准的数学语言描述出来，发给身边爱好数学的朋友，看看他们的反馈，如果有数学专业的朋友就更好了。

最后，如果你的猜想过了以上两关，那你就可以尝试把你的问题发在一些网站（比如"知乎"）上。一定不能单纯地贴出问题，要贴出自己的思考和分析。让别人知道你是对这个问题有过深思熟虑的，并且写出你的问题的意义或有意思的地方。如果你的问题是属于那种"精炼且熟虑"的问题，则一定能引起更大的社会反响，那你距离提出一个好的猜想就非常近了。

这之后事情的发展就不是我们能把握的了。有些网友刚提出一个问题，就急于用自己的名字命名：×××猜想。但一个猜想首先必须是"好"的猜想，才可能被赋予特定的名字。且最终如何命名也是十分随意的，绝大多数猜想并不能以首先提出者的名字命名。所以，这个事情是可遇而不可求的。但我们不需要以这个目的去提出猜想，这不是我们喜欢数学的根本原因，对不对？

好了，不管如何，我还是希望各位喜欢本书，读了本书后能有所收获，提出一个自己的"哥德巴赫猜想"！

配图说明及来源

附录

页码	配图说明	来源
4	17 世纪法国数学家马林·梅森	https://en.wikipedia.org
5	梅森素数分布的预测与实际对比图。x轴为梅森素数的序号，y轴为 $\log_2(\log_2 M_n)$，M_n是第 n 个梅森素数。最近几个梅森素数有点"密"，所以蓝点有些"平"了。	https://primes.utm.edu
15	走刀法图示：Referee 是裁判的刀。A、B、C 是三人各自的刀的位置，喊停者（caller）拿最左边那块。	https://en.wikipedia.org
26	哈默斯利沙发的形状，是一个矩形加两个扇形。	https://en.wikipedia.org
27	以上组图：哈默斯利沙发的过弯过程——平移与转动的结合。	https://en.wikipedia.org
28	哥维尔沙发的形状，由 18 段短曲线构成，与 Hammersley 沙发很像。	https://en.wikipedia.org
29	既能过左弯也能过右弯的沙发的形状。由加州大学戴维斯分校数学系主任丹·罗米克在 2016 年发现，这个形状比哥维尔沙发优美多了。	https://en.wikipedia.org
34，35	"J是关于 O 点中心对称的简单封闭曲线，$f(J)$ 是 J 关于 O 点旋转 90° 后所得的曲线。"等三幅有关内接四边形问题的图	https://www.webpages. uidaho.edu/~markn/ squares/
38	幸福结局问题：平面上任意 5 个点，似乎总能找出 4 个点并连线，构成凸四边形。	https://en.wikipedia.org
42	平面上有 8 个点，但无法构成凸五边形的一个例子，即证明 $f(5)>8$。	https://en.wikipedia.org
46	"27 号航线"，横轴是步数；纵轴是"高度"，即每一步的结果。	https://en.wikipedia.org

页码	配图说明	来源
47	考拉兹树	https://www.jasondavies.com/collatz-graph/
59	完美平行六面体，几乎就是完美立方体	https://www.lafayette.edu/
61	任意三角形是可以密铺的	https://mathstat.slu.edu
62	任意四边形是可以密铺的	https://mathstat.slu.edu
62	三种可以密铺的不规则凸六边形，底部一排为最终拼合的"基础单元"。	https://en.wikipedia.org
63	上图：莱因哈特发现的 5 种五边形密铺模式	https://en.wikipedia.org
64	柯世奈发现的 3 种五边形密铺模式，前两列视为同一种	https://en.wikipedia.org
65	马乔里·赖斯发现的 4 种五边形密铺模式。	https://en.wikipedia.org
66	理查德·詹姆斯发现的五边形密铺模式。	https://en.wikipedia.org
67	罗尔夫·斯坦因发现的可以五边形密铺模式。	https://en.wikipedia.org
67	曼恩发现的第 15 种五边形密铺模式。	https://en.wikipedia.org
68	彭罗斯镶嵌，两种形状构成的非周期性密铺	https://en.wikipedia.org
69	泰勒砖块的完整密铺方案。	https://sfb701.math.uni-bielefeld.de/preprints/view/420
72	上图中有一个对角面（如下图所示位置）的 6 条边都是红色。如果将这个对角面底部的边改成蓝色，就是一种符合要求的对立方体的着色方案	https://en.wikipedia.org
72	一种四维立方体的示意图。	https://en.wikipedia.org
77	组织结构图就是"树"结构的典型例子。	视觉中国：vcg id: VCG 41494002175
77	家谱是"树"结构的另一个例子。	视觉中国：vcg id: VCG 4185470541
87	曲线 $y=1/x$ 切割黄色柱状图的较小部分面积之和就是"欧拉–马歇罗尼常数"。	https://en.wikipedia.org
98	本福特在其 1938 年发表的论文 "The Law of Anomalous Numbers" 中所举过的数字例子。	https://en.wikipedia.org

页码	配图说明	来源
103	本福特取了 20 种物理常数，并在公制和英制下都统计了首位数字的比例。看上去并不太符合本福特定律，但蹊跷的是它们的分布完全不均匀。	https://en.wikipedia.org
114	"折射定律"示意图，又名"斯涅尔定律"。	https://en.wikipedia.org
115	数学刊物《学术纪事》的某期封面。	https://en.wikipedia.org
121	摆线就是一个沿直线滚动的圆上一点所经过的路径。	https://en.wikipedia.org
125	雅各布·伯努利的墓碑，下方为雕刻师误刻的等速螺线。	https://en.wikipedia.org
127	无论蜗牛的速度如何，其每次穿越正方形对角线时的角度都是 45°。	http://episte.math.ntu.edu.tw/ 赵文敏
128	定角为 θ 的等角螺线上一点 P 到原点的长度等于 $|OP| \cdot \sec\theta$。	http://episte.math.ntu.edu.tw/ 赵文敏
128	一组自相似矩形构成的等角螺线。	http://episte.math.ntu.edu.tw/ 赵文敏
129	上图：一组自相似的三角形构成的等角螺线。	http://episte.math.ntu.edu.tw/ 赵文敏
130	蜗牛壳的纹路是一条对数螺线。	视觉中国
130	鹦鹉螺的壳上的花纹也是一条对数螺线。	https://en.wikipedia.org
130	旋涡信息的旋臂展开的形状也很接近对数螺线。	https://en.wikipedia.org
131	有自相似结果的旋转楼梯。	https://en.wikipedia.org
137	椭圆、抛物线和双曲线可以通过平面以不同角度切割一个圆锥的截面得到，因此统称为"圆锥曲线"。	https://en.wikipedia.org
138	欧拉的旋转坐标系中，坐标轴方向始终是两个大质点的连线。	Musielak and Quarles, 2015
139	在拉格朗日特解中，三体之间始终构成一个等边三角形。	Musielak and Quarles, 2015
142	塞尔维亚研究者发现的十三类三体问题周期解中的三类，从左至右依次为"飞蛾""蝴蝶"和"阴阳"。	http://three-body.ipb.ac.rs
143	廖世俊教授研究组发现的几种三体运行周期解。	Over a thousand new periodic orbits of a planarthree-body system with unequalmasses, 2017

页码	配图说明	来源
150	刘维尔函数前 n 项之和的图像，直到 n=10,000。1919 年，乔治波利亚猜想刘维尔函数部分和 ≤ 0，但 1980 年，日本的田中实在 n=906150257 时找到反例。	https://en.wikipedia.org
153	埃尔德什与陶哲轩的合影，1985 年。	https://en.wikipedia.org
158	麦克劳林发表在杂志上的有关"流数"的解释图。	https://en.wikipedia.org
164	图 G 与图 H 是同构的，右边列出了一种可能的映射方案	https://en.wikipedia.org
165	Rado 图示意，它有可数的无穷多个点，每个点的度数也"几乎"是可数无穷的。	https://en.wikipedia.org
166	康托集构造示意图。从上至下，白色是"切除"的部分，黑色部分是集合中剩下的部分，越往下，黑色部分越来越少，到最后"几乎"没了。	https://en.wikipedia.org
167	康托函数在［0,1］区间内的图像，其中发生了无数次"跳变"。	https://en.wikipedia.org
189	五行相生相克图。	https://en.wikipedia.org
239	围棋盘的一角（VCG ID: VCG210a6e90955）。	视觉中国
242	蒙特卡洛方法求 π 的示意图。根据落在四分之一圆内的点数与总点数的比值，就可以求出 π。	https://en.wikipedia.org
246	算法复杂度类型的关系图，越是内部的算法类型越"简单"，越外部越"复杂"。图中，任意两个相邻的算法复杂度类型是否相等，都还是开放的问题。	https://en.wikipedia.org
252	菲尔兹奖章正面。头像为阿基米德，周围刻有拉丁文：TRANSIRE SUUM PECTUSMUNDOQUE POTIRI，意思是"超越他的心灵，掌握世界"。	https://en.wikipedia.org
252	菲尔兹奖章背面。周围刻有拉丁文：CONGREGATI EX TOTO ORBEMATHEMATICI OB SCRIPTA INSIGNIATRIBUERE，意思是"聚集自全球的数学家，为了杰出著作颁发（奖项）"。	https://en.wikipedia.org
259	三国时代赵爽的"勾股圆方图"，又名"弦图"。	https://en.wikipedia.org